Bibliografische Information der Deutschen Nationalbibliothek: Die Deutsche Nationalbibliothek verzeichnet diese Publikation in der Deutschen Nationalbibliographie; detaillierte bibliographische Daten sind im Internet unter http://www.dnb.de abrufbar.

Dr. Tilo Geisel, Sylvia Geisel
Das Havelland. Portrait einer Landschaft

ISBN 978-3-943487-05-3

1. Auflage 2015

Verlagsbuchhandlung Ehm Welk, Rosenstraße 3, 16278 Angermünde
Inhaberin Dipl.-Buchhandelswirtin Karla Schmook e.Kfr.
Telefon: 03331 36548-0, Fax: 03331 36548-30
E-Mail: info@buchschmook.de
Internet: www.buchschmook.de

Redaktionsschluss: September 2015
Fotos: Dr. Tilo Geisel
Texte, Bildunterschriften: Dr. Tilo Geisel, Sylvia Geisel
Texte (Bundesgartenschau Havelregion 2015): Jochen Sandner
Text- und Bildredaktion: Dr. Tilo Geisel, Sylvia Geisel,
Verlagsbuchhandlung Ehm Welk
Gesamtherstellung: Verlagsbuchhandlung Ehm Welk
Printed in Germany

Dr. Tilo Geisel, Sylvia Geisel

Das Havelland

Portrait einer Landschaft

Verlagsbuchhandlung Ehm Welk

17 *Vorwort der Autoren*
Dr. Tilo Geisel, Sylvia Geisel

18 *Das Havelland*
Dr. Tilo Geisel, Sylvia Geisel

54 *Rast und Aufbruch*
Dr. Tilo Geisel, Sylvia Geisel

80 *Vom Wasser geprägt*
Dr. Tilo Geisel, Sylvia Geisel

104 *Weites Land*
Dr. Tilo Geisel, Sylvia Geisel

132 *Winterruhe*
Dr. Tilo Geisel, Sylvia Geisel

154 *Ein Fluss und fünf Gastgeber – Reiseromantik und Gartenerlebnis auf der BUGA 2015 Havelregion*
Jochen Sandner, Deutsche Bundesgartenschau Gesellschaft mbH (DBG)

160 *Bundesgartenschau Havelregion 2015*
Dr. Tilo Geisel, Sylvia Geisel

Dr. Tilo Geisel, Jahrgang 1959, lebt in Paulinenaue im Havelland. Der Diplom-Biologe arbeitet seit seiner Promotion als Referent in der obersten Naturschutzbehörde des Landes Brandenburg. Seit seiner Jugend beschäftigt er sich mit der Fotografie. Besonderes Augenmerk legt dabei auf die Landschafts- und Makrofotografie. Seine Bilder erscheinen regelmäßig im Magazin „Natur Blick", auf Kalendern oder in Schulbüchern. Mit eigenen Ausstellungen u. a. zu den Themen Wasser und Pflanzenfotografie präsentiert er seine Arbeiten der Öffentlichkeit. Ausdrucksstarke Fotos dokumentieren die reiche Schönheit der Natur, die aber auch gleichzeitig auf die Schutzbedürftigkeit hinweisen.

Die Diplom-Biologin Sylvia Geisel, Jahrgang 1962, war viele Jahre im Bereich Umwelt der Stadtverwaltung Nauen tätig. Eine neue berufliche Schwerpunktsetzung führte sie in die Privatwirtschaft sowie in den Bereich Bildung. Gemeinsam mit Ihrem Mann ist Sylvia Geisel heute zudem als Autorin publizistisch tätig.

Vorwort der Autoren

Ankunft an einem nebligen, nasskalten Novembertag im Havelland – die ersten Eindrücke von tischebenen Wiesen, Gräben und Pappelreihen empfanden wir düster, nahezu mystisch – was für eine Gegend?

Schon bald, nach genauerer Erkundung, änderte sich unsere Wahrnehmung. Der Reiz des Havellandes liegt im Wechsel von Niederungen, Platten, Ländchen und Dünen, häufig durchzogen von Wasserläufen.

Die Weite der Landschaft wird bestimmt vom Grün der Wiesen, zahlreichen Gehölzen und dem Blau des Himmels, das sich in den Gewässern spiegelt.

Immer wieder beeindruckt die Vielgestaltigkeit der Wolken, mal dramatisch, dann wieder federleicht vorbeischwebend oder aufgetürmt zu riesigen Wolkenbergen. Eingebettet in diese abwechslungsreiche Kulturlandschaft liegen verträumte, märkische Dörfer. Orte zum Leben abseits des Großstadttrubels, zum Entfalten eigener Ideen oder zum Ausruhen von der alltäglichen Hektik.

Unser Buch nimmt Sie mit auf eine Reise durch das Havelland, insbesondere in unsere Heimatregion, das Havelländische Luch. Es war für uns eine Herausforderung, die Schönheit dieser vergleichsweise unspektakulären Landschaft in ansprechenden Bildern festzuhalten.

Mit der Kamera folgten wir dem Lauf der Jahreszeiten, dem Rhythmus der Natur und hielten Stimmungen, eindrucksvolle Momente, aber auch Unscheinbares am Wegesrand, Flüchtiges und Vergängliches fest.

Neben kurzen Informationen zum Havelland haben wir uns insbesondere der Weite der Landschaft, dem Thema Wasser, dem eindrucksvollen Zug der Kraniche aber auch der Ruhe im Winter gewidmet.

Im Jahr der BUGA 2015, die unter dem Motto *von Dom zu Dom*, verbunden durch das Blaue Band der Havel erstmalig länderübergreifend und zugleich an fünf Standorten in der Havelregion stattfindet, im Jahr der Uraufführung der „Havelsinfonie" im Rahmen der Havelländischen Musikfestspiele, soll Sie unser Bildband zu einer inspirierenden Wanderung durch diesen Naturraum einladen. Tauchen Sie in die Landschaft des Havellandes ein.

Die Autoren und der Verlag danken insbesondere Herrn Jochen Sandner und Frau Sybille Eßer von der Deutschen Bundesgartenschau-Gesellschaft mbH für Ihren Beitrag zum Gelingen dieses Bildbandes.

Sylvia und Tilo Geisel

Das Havelland

Das Havelland, oder, mit anderen Worten, jene nach drei Seiten hin von der Havel, nach der vierten aber vom Rhin-Flüßchen eingeschlossene Havelinsel, bestand in alter Zeit aus großen, nur hier und dort von Sand- oder Lehmplateaus unterbrochenen Sumpfstrecken, die sich, trotz der mannigfachen Veränderungen und Umbildungen, bis zu diesem Tag unter dem Sondernamen »das Havelländische Luch« oder auch bloß »das Luch« erhalten haben. ... Denn das Luch besteht großenteils aus Torf. Seitdem es aufgehört hat, ein bloßer Sumpf zu sein, ist es ein großes Gras- und Torfland geworden... (Theodor Fontane)

So beschreibt Theodor Fontane das Havelland in seinen Wanderungen durch die Mark.
Mächtige eiszeitliche Gletscher hinterließen vor etwa 15 000 Jahren eine durch Platten und Niederungen geprägte Landschaft. Abfließende Schmelzwässer führten Mergel und Sande mit sich und lagerten diese auf älteren Grund- und Endmoränen ab. Letztere ragen über die Umgebung hinaus und sind heute als Ländchen Bellin, Friesack oder Rhinow erlebbar. Das von Nordosten nach Westen verlaufende Eberswalder Urstromtal vereint sich im Havelland mit dem aus dem Osten kommenden Warschau-Berliner Urstromtal. Der folgende nacheiszeitliche Anstieg des Grundwassers führte zu einer großflächigen Vermoorung des Havelländischen Luchs. Mit seinem Niederungscharakter bestimmt es maßgeblich die Landschaft im Havelland.
Der stetige, westliche Wind transportierte feine Flugsande und lagerte diese teilweise in Form flacher, langgestreckter Dünen inmitten der Luchlandschaft ab. Artenreiche Trockenrasen oder lichte Kiefern- und Eichenbestände prägen heute die Dünenzüge. Beispielhaft sollen die Großen bzw. Kleinen Jahnberge nördlich der Ortschaft Paulinenaue genannt werden, die die umgebende Niederungslandschaft um beachtliche 7 bis 11 Meter überragen. Kleinere Sanddurchragungen des Untergrunds bilden sogenannte Horste.

Diese, aus dem Luch herausragenden Sandinseln wurden schon frühzeitig besiedelt. Noch heute vorhandene Flurnamen wie Kuhhorst, Mangelshorst oder auch Königshorst erinnern an diese Sanddurchragungen.

Wie der Name bereits sagt, wird das Havelland durch die Havel, einen typischen Flachlandfluss des norddeutschen Tieflandes, geprägt. Theodor Fontane sprach hinsichtlich der vielen Flussschleifen und Seitenarme vom „Neckar des Nordens“.

Zu der Havelschönheit tragen die Schwäne ein sehr Erhebliches bei. Sie geben dem Strom auf seiner breiten Fläche eine königliche Pracht, und eine schönere Einfassung aller dieser Schlösser und Residenzen ist kaum denkbar.

(Theodor Fontane)

Die Havel entspringt im Gebiet der Havelquellseen zwischen Ankershagen und Kratzeburg im Müritz-Nationalpark und mündet bereits nach 345 Kilometern in die Elbe. Durch ihren U-förmigen Verlauf beträgt die Entfernung zwischen Quelle und ihrer Einmündung in die Elbe etwa nur 90 Kilometer.

Bevor der Mensch durch wasserbauliche Maßnahmen den Einstrom von Elbehochwässern durch Wehre regeln konnte, wurde die Havelniederung häufig überflutet. Zur Eindämmung der steten Hochwassergefahr, die immer wieder Siedlungen und landwirtschaftliche Nutzflächen bedrohte, aber auch zu Zwecken der noch bis in die jüngste Vergangenheit stattfindenden Güterschifffahrt, wurden umfangreiche wasserbauliche Maßnahmen im Bereich der Unteren Havel realisiert.

Auch wenn eine Vielzahl ehemaliger Altarme mittlerweile vom Fluss abgeschnitten sind, bieten sich dem Besucher naturnah gebliebene Flussabschnitte mit ihrer, durch alte, einzeln stehende Solitärbäume geprägten Aue.

Weiter stromabwärts durchquert die Havel die Untere

Havelniederung. Dabei handelt es sich um eines der größten zusammenhängenden Feuchtgebiete in Mitteleuropa.
Bis heute hat sich hier eine herausragende Vielfalt von Pflanzen und Tieren erhalten.
Die besonderen naturräumlichen Bedingungen haben dazu geführt, dass das Gebiet als Rast- und Überwinterungsgebiet für nordische Gänse, Kraniche, Sing-, Zwerg- und Höckerschwäne eine erhebliche Bedeutung hat. Insbesondere zur Zugzeit, etwa im September/Oktober ist das Westhavelland für ornithologisch Interessierte immer eine Reise wert. Ein Besuch des Gülper Sees, eines Flachwassersees inmitten der Unteren Havelniederung, sollte zum Pflichtprogramm für Besucher des Gebietes werden.
Es ist ein besonders beeindruckendes Naturschauspiel, wenn die Gänse mit lautem Geschnatter zum Schlafen auf dem See einfallen oder diesen am nächsten Morgen zur Nahrungssuche verlassen. Zwischen den riesigen Schwärmen von Grau-, Saat- oder Blessgänsen kann man unter Umständen auch im Gebiet seltenere Arten wie Nonnengänse oder Zwerggänse entdecken.
Verschiedene Vogelarten wie Seeadler, Fischadler, Kormorane, Trauer- und Flussseeschwalben, Silberreiher, Uferschnepfe, Rotschenkel, Brachvögel und viele weitere lassen sich hier mit etwas Glück beobachten.
Das Havelländische Luch ist Heimat des schwersten flugfähigen Vogels, der Großtrappe. Sie hat hier eines ihrer letzten mitteleuropäischen Vorkommen. Spezielle Schutzmaßnahmen sichern dem überaus seltenen Steppenvogel, hier auch als „märkischer Strauß“ bezeichnet, bis heute ein Überleben. Die Trappenbalz, die jährlich im Frühjahr von einem der Beobachtungstürme in der Nähe von Buckow zu beobachten ist, gehört zu den spektakulärsten Erlebnissen mit freilebenden Vögeln. Die Hähne verwandeln sich in einen weit leuchtenden Federball. Sie wenden die weißen Unterfedern der Flügel und des Schwanzes nach außen, richten die Bartfedern auf und hoffen damit die Aufmerksamkeit einer

Henne zu erregen. Die unterschiedlich ausgeprägten Feuchtwiesen, Hochstaudenfluren, Ufervegetationen und natürlich auch Trockenrasen auf den Kuppen und Dünenzügen sind mit ihrem Artenreichtum auch floristisch interessant.

Die reichhaltige Artenausstattung sowie die landschaftliche Schönheit haben dazu geführt, dass große Flächenanteile des Gebietes heute unter Schutz stehen.

Die Siedlungen im Havel- bzw. Westhavelland sind ländlich geprägt und erwecken den Eindruck verträumter märkischer Dörfer. Auffällig ist die Vielzahl verschiedener Baustile der Kirchen. Unter anderem findet man Fachwerk- oder Feldsteinbauten. Die noch erhaltenen Bockwindmühlen am Gahlberg bei Strodehne und Prietzen erinnern an frühere Kulturen. Mehrere Orte verfügen über „ihren“ Storchenhorst. Besonders der seit Jahrzehnten bestehende Horst auf der Kirche in Gülpe ist bekannt. Von Gülpe gelangt man über Wirtschaftswege zum Gahlberg, einem der letzten Fischerhöfe an der Unteren Havel. Flachboote, wie sie auf der Havel üblich waren, aufgespannte Netze und Reusenstangen verleihen dem Ortsteil ein besonders romantisches Bild.

Wer Lust hat, kann sich im Havelland auf die Spuren Theodor Fontanes begeben, sich den in vielen Orten erhaltenen und wiederhergestellten Herrenhäusern sowie Schlössern widmen oder dem idyllischen Ort Ribbeck, der durch Fontanes Gedicht *„Herr von Ribbeck auf Ribbeck im Havelland“* deutschlandweit berühmt wurde, einen Besuch abstatten.

Auch das Lilienthalzentrum in Stölln, das mit einer interessanten Ausstellung an den Flugpionier Otto Lilienthal erinnert, ist einen Besuch wert.

Deutlich erhebt sich die Endmoräne des Ländchens Rhinow aus der Niederung.

Das Havelland

Im Havelländischen Luch prägt die landwirtschaftliche Nutzung das Landschaftsbild.

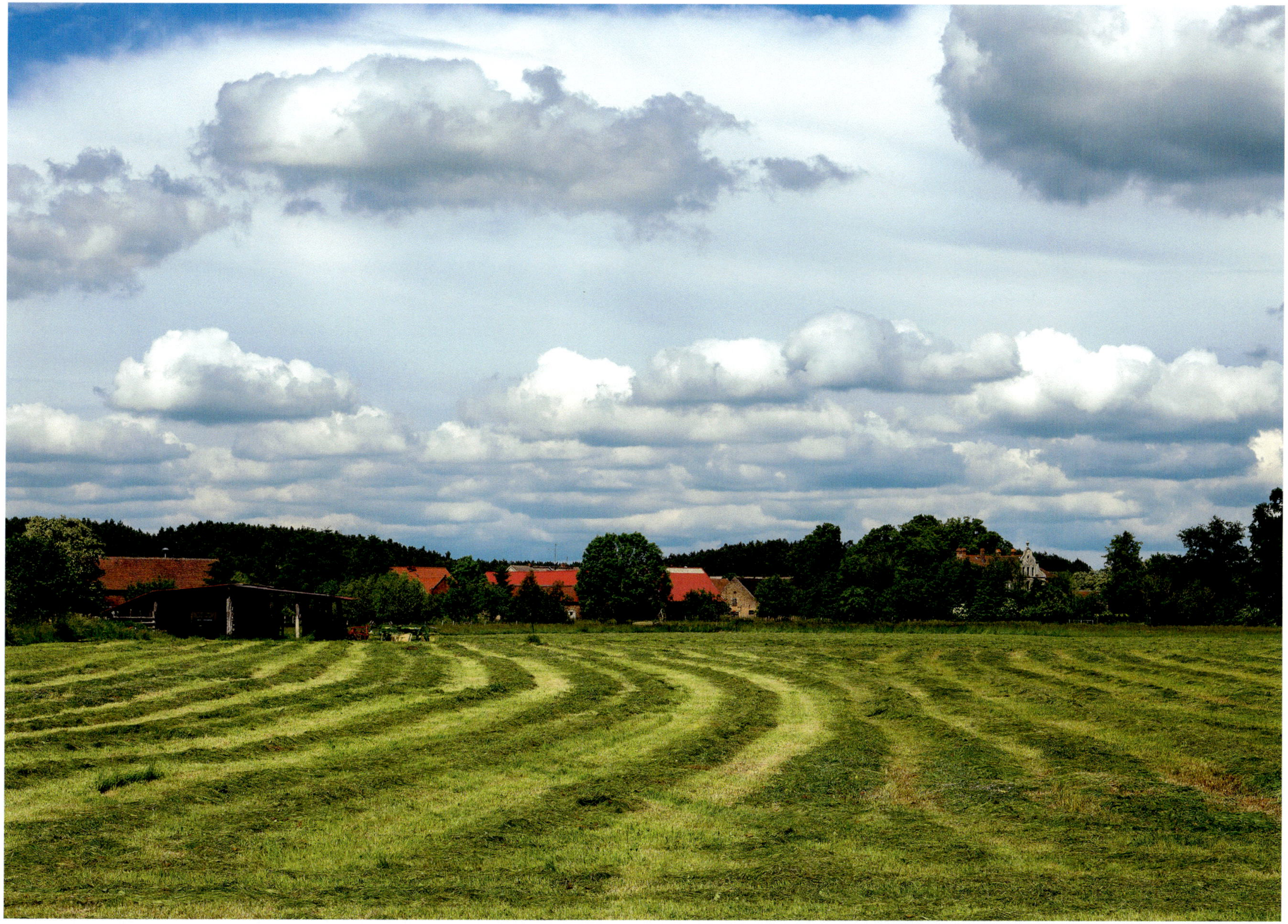

Ländliche Idylle am Ortsrand von Görne.

Das Havelland

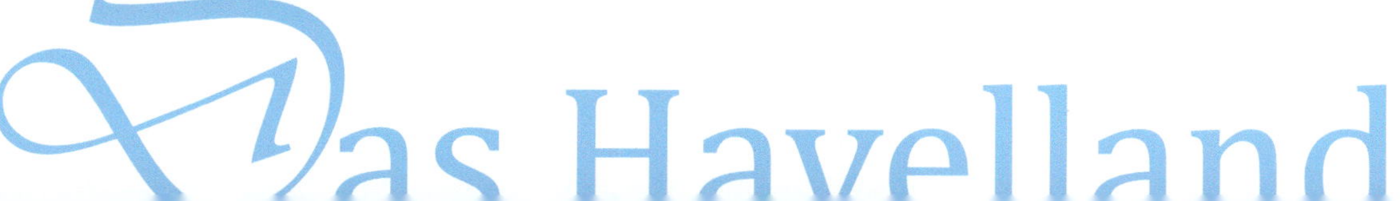

Frühsommer im Erholungsgebiet am Hohennauener See.

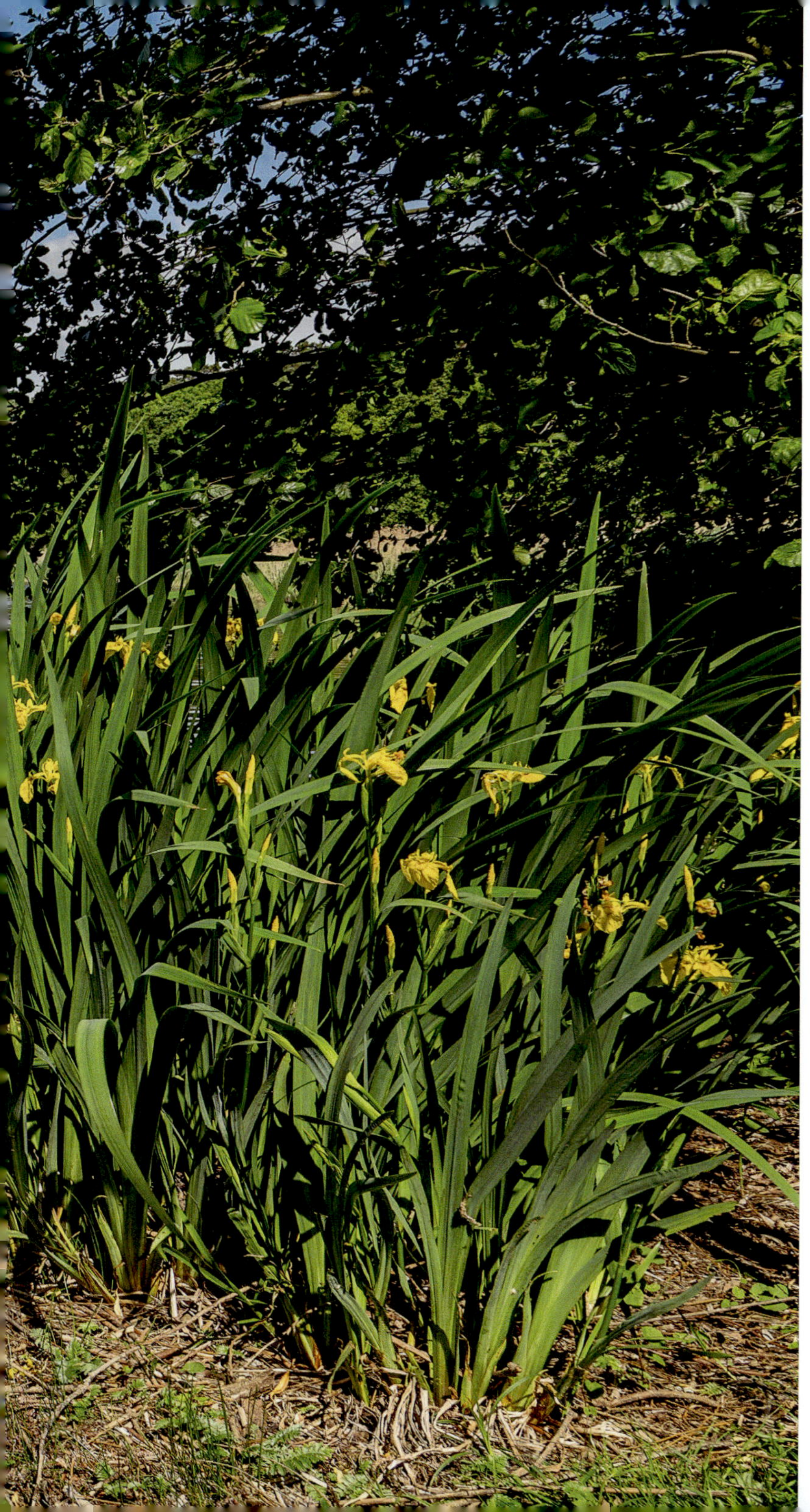

Eingebettet zwischen Erlen-Eschenwäldern und Feuchtwiesen ruht der Görner See im gleichnamigen Naturschutzgebiet.

Das Havelland

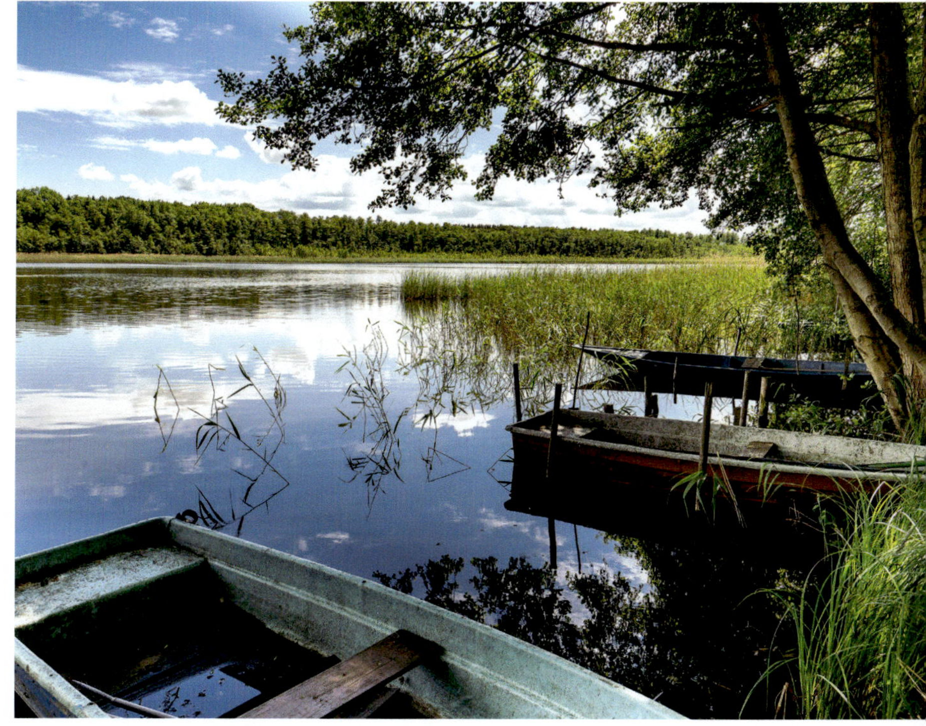

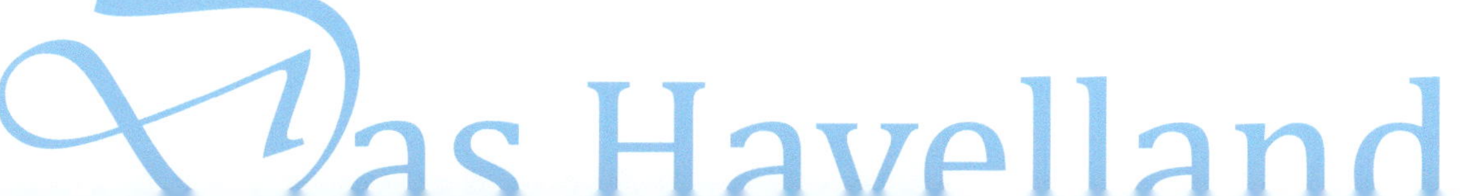

Über einen kleinen Altarm der Unteren Havel gelangt man zu dem idyllischen Ort Vehlgast.

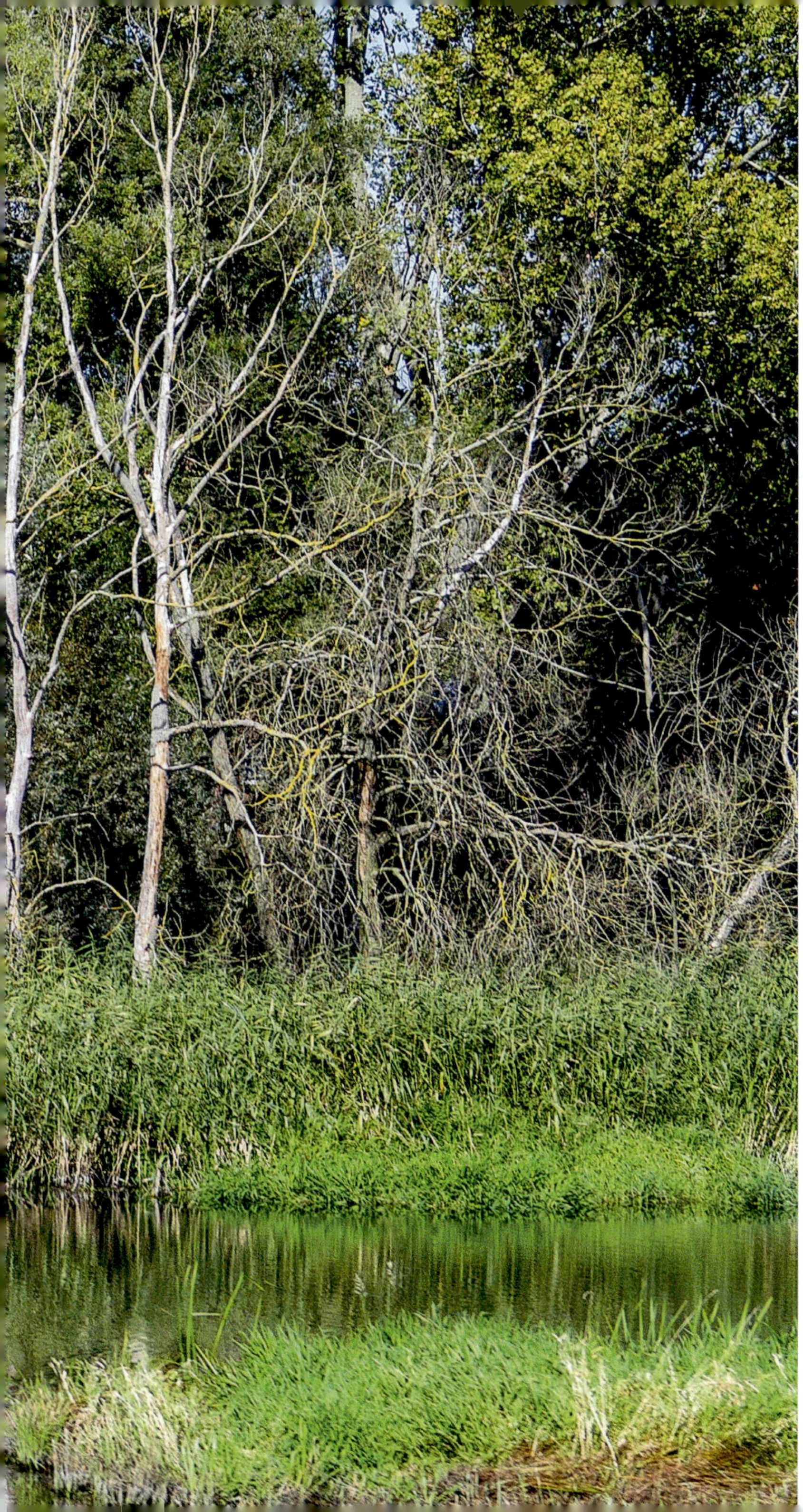

Von der Unteren Havel hat man eine schöne Aussicht auf Havelberg und den Dom St. Marien.

Das Havelland

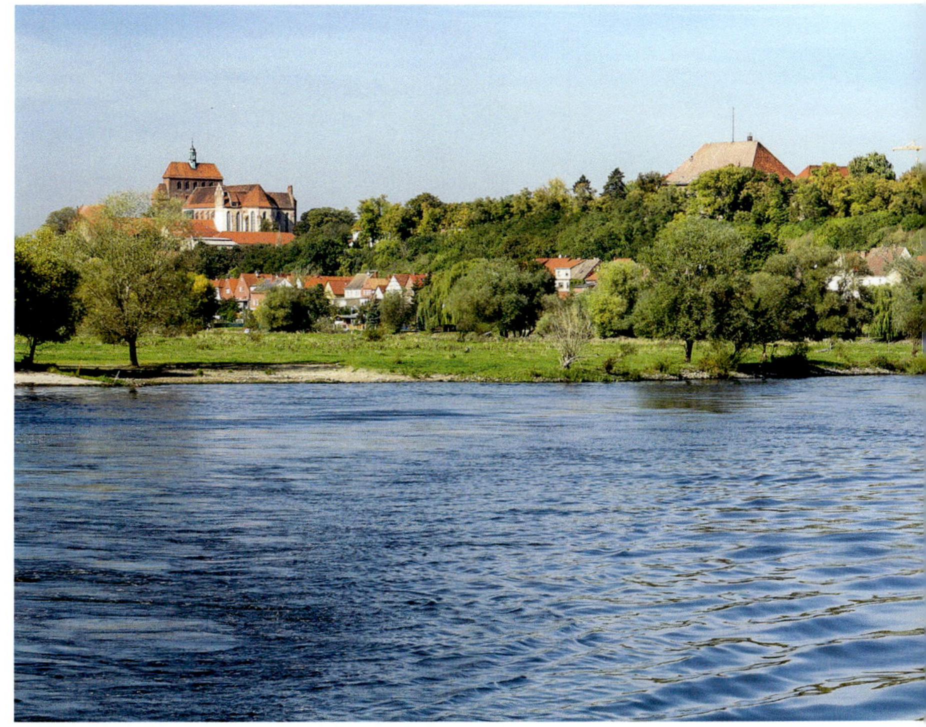

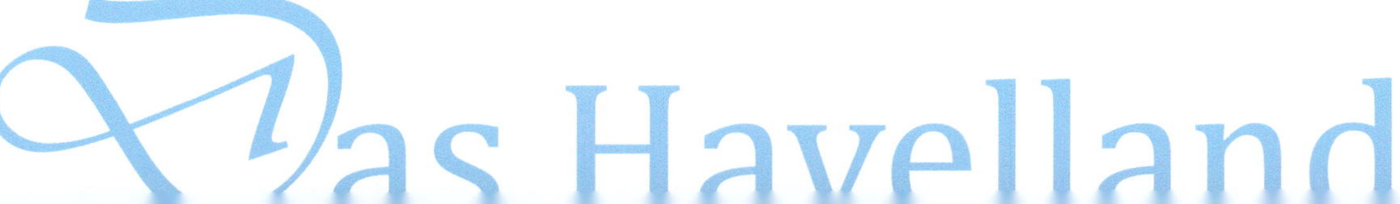

Überall prägen straßen- und wegbegleitende Alleen das Landschaftsbild.

Blick über den Behnitzer See zum Landgut Borsig, das in seiner Architektur an die Berliner Industriebauten der Borsigwerke erinnert.

Das Havelland

Wagenitz. Ländliche Bauten prägen das Erscheinungsbild zahlreicher Dörfer.

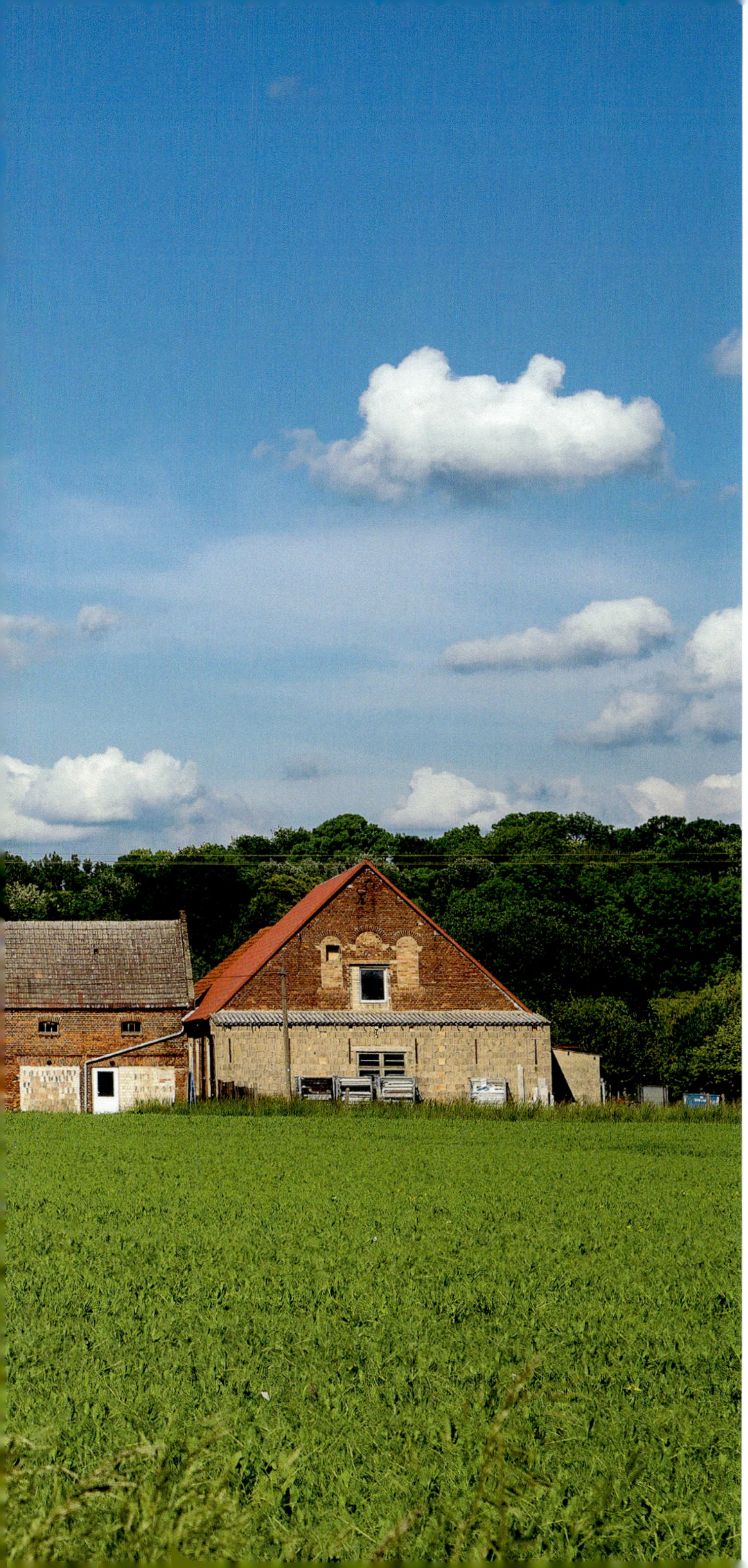

Das Gutshaus in Görne wurde inzwischen teilweise saniert.

Das Havelland

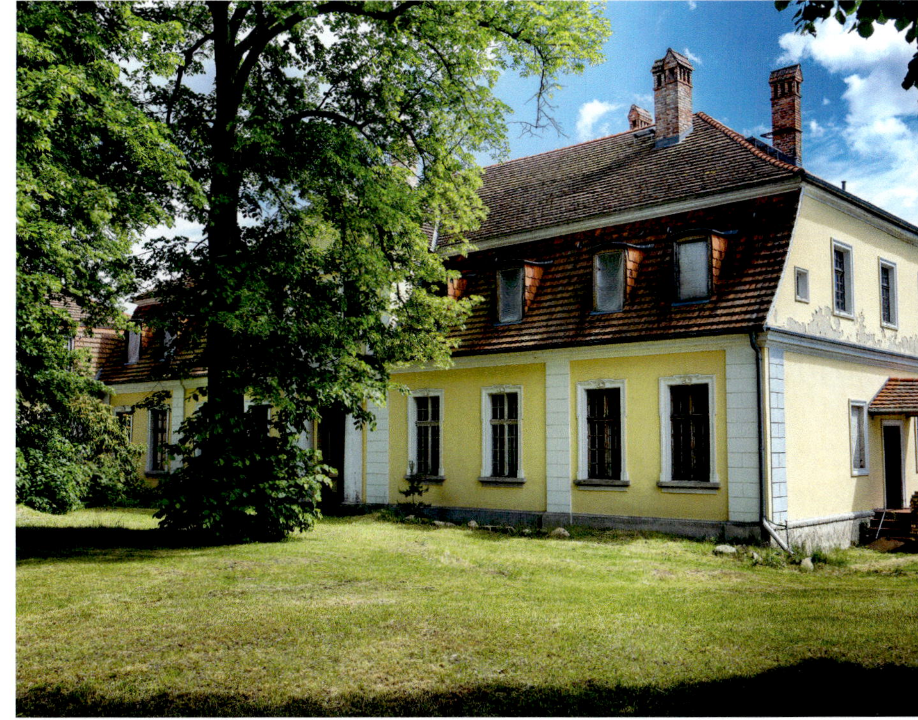

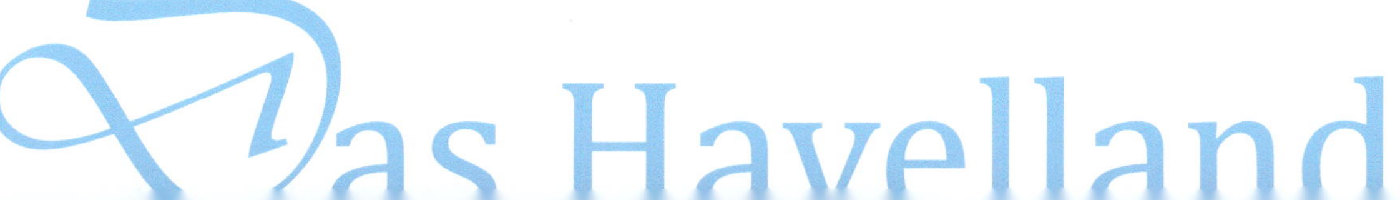

Die Dorfkirche in Görne ist ein Fachwerkbau aus dem Jahr 1728. Der mit Holz verkleidete Turm wurde etwa 12 Jahre später angebaut.

So wie viele Orte und Bauwerke im Havelland, geht auch Landin auf die Familie von Bredow zurück. Hier ist die evangelische Dorfkirche zu sehen.

Der Schwedenturm in Wagenitz. Er geht auf das Jahr 1571 zurück. Der freistehende Küchenbau gehört zum Gut.

Das Havelland ist nicht nur durch den Birnbaum von Ribbeck, sondern auch durch ausgedehnte Obstbaugebiete rund um Werder bekannt.

Kuckuckslichtnelken blühen zu tausenden auf einer Feuchtwiese zwischen Görne und Rathenow.

Das Havelland

Die Ackerflächen der Ländchen werden oft von Mohn- und Kornblumen gesäumt.

Mit der Fertigstellung der Havellandbrücke endete der traditionelle Fährverkehr in Strodehne.

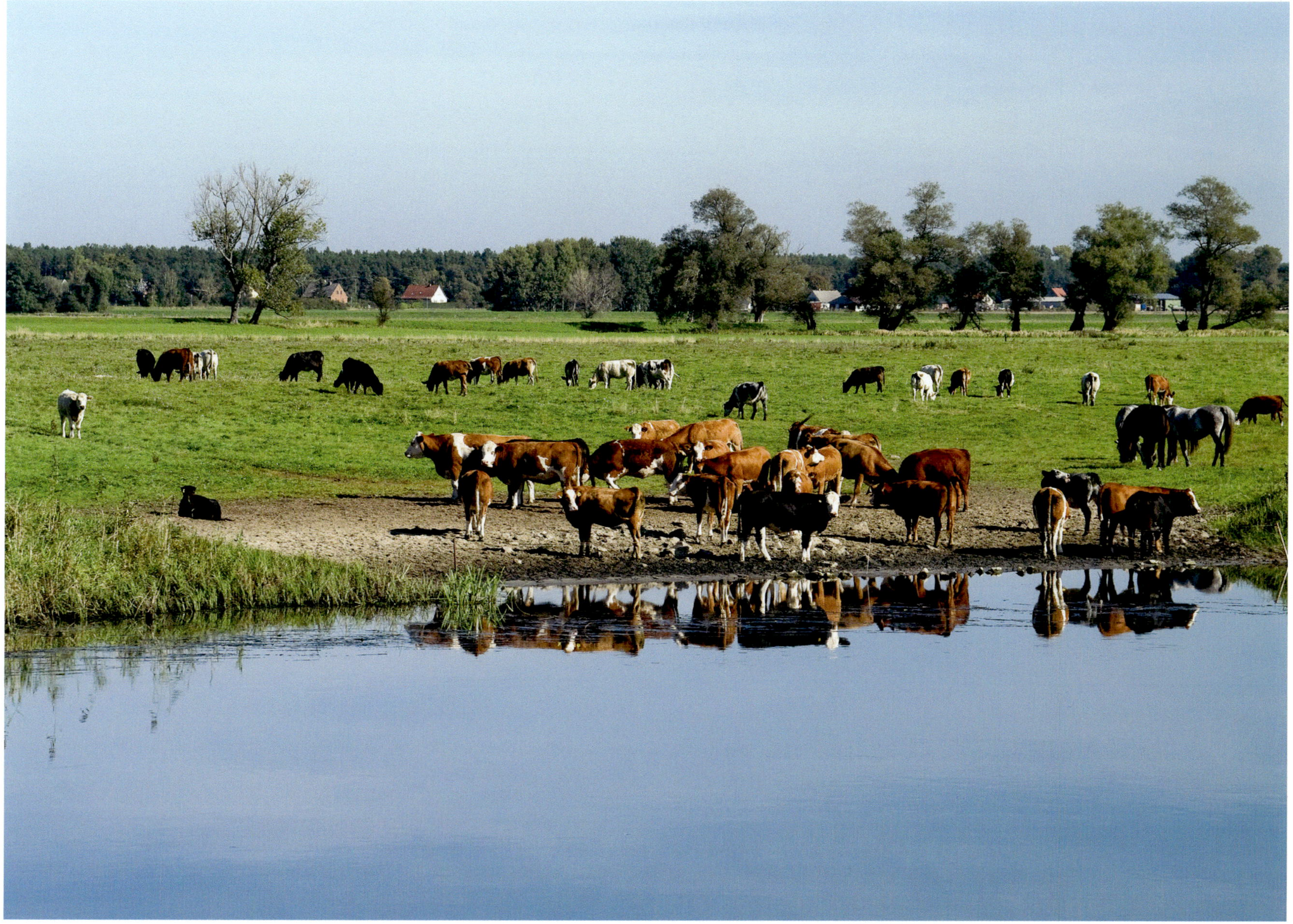

Weideland an der Unteren Havel.

Das Havelland

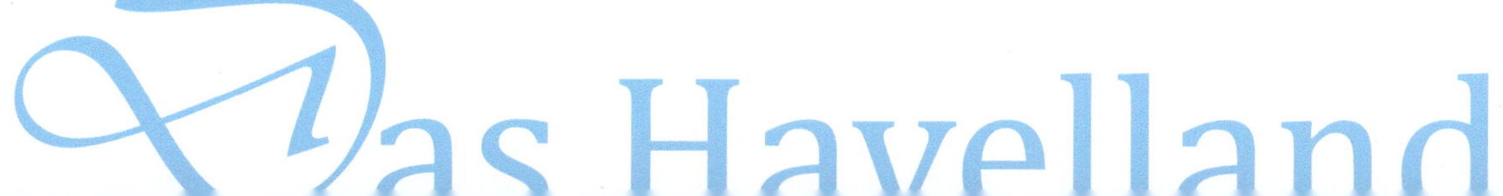

Die Untere Havel ist ein ehemals stark verzweigter Fluß. Durch wasserbauliche Maßnahmen wurden in der Vergangenheit viele Altarme abgetrennt.

Weidende Pferde bei untergehender Sonne in der Nähe von Berge.

Eichenallee bei Paulinenaue im letzten Licht.

Das Havelland

Schnurgerade verläuft der Große Havelländische Hauptkanal durch das Luch. Der aufgehende Mond kündigt die hereinbrechende Nacht an.

Abendliche Impression weidender Rinder im Havelländischen Luch.

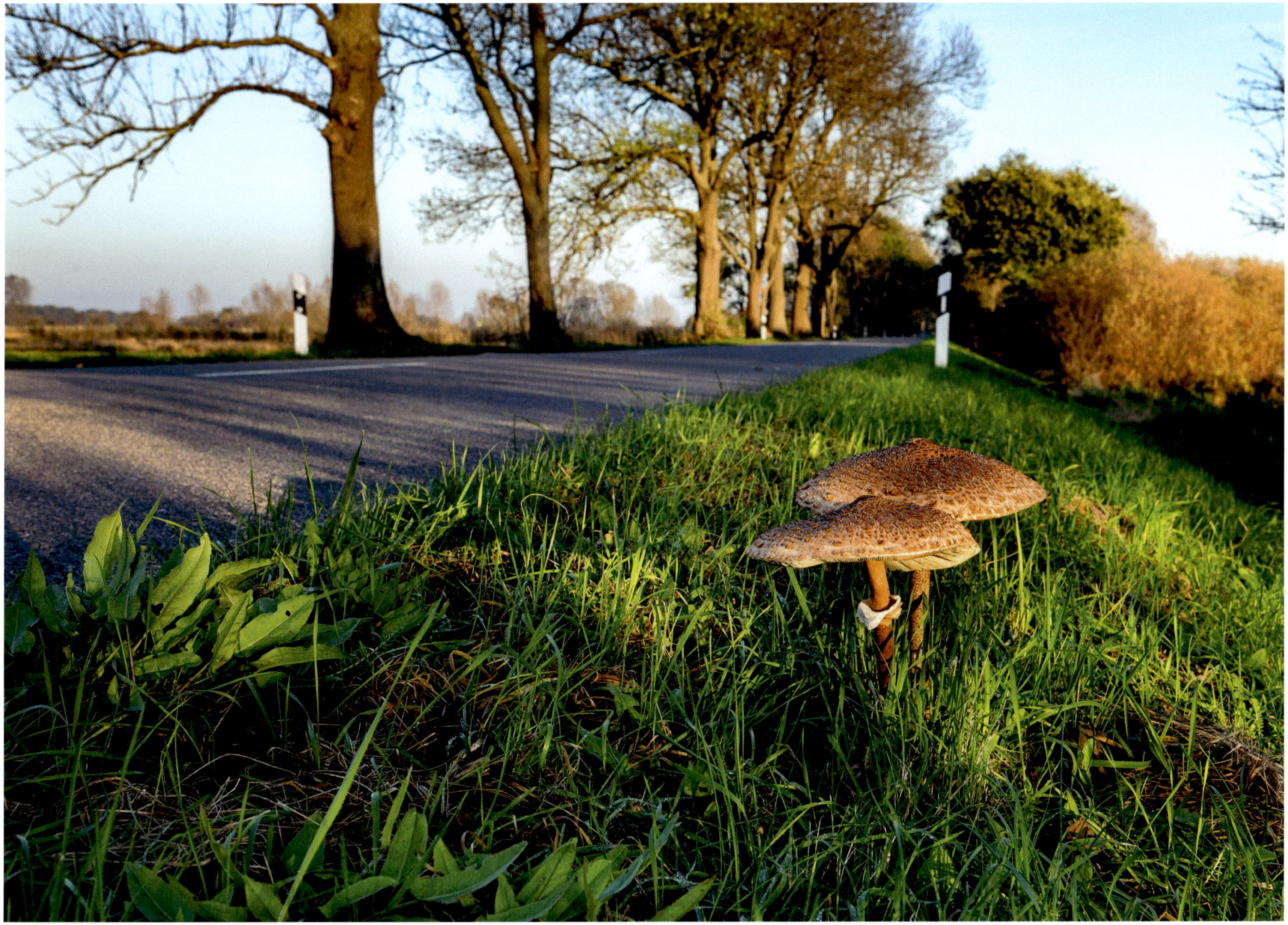

Schirmpilze als Straßenbegleiter im abendlichen Licht bei Parey.

Das Havelland

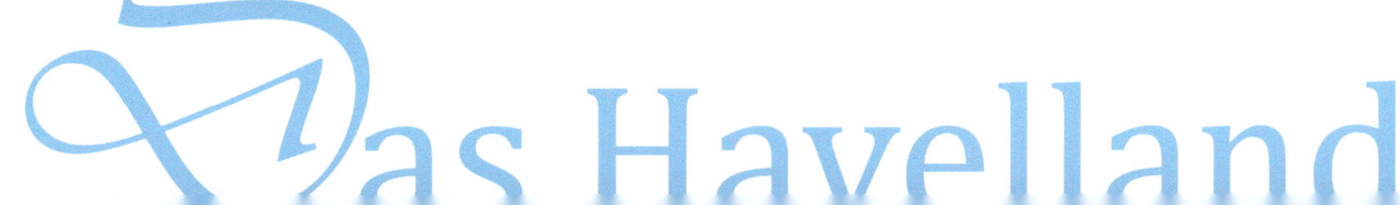

Dort, wo sich die Feuchtigkeit im Grünland hält, bilden sich Nebelbänke und versperren den Blick auf Brädikow.

Auf der Nauener Platte ragen die Windmühlen wie Spargelstangen aus dem Boden. Ihre Warnblinkanlagen sind in der Nacht kilometerweit sichtbar.

Im Frühherbst durchbricht die Sonne die aufsteigenden Nebel. Eine mystische Stimmung legt sich über das Land.

Blick von der Endmoräne in die Niederung des Havelländischen Luchs. Nach kalten Nächten steigt mit den ersten Sonnenstrahlen Nebel auf.

Sobald die Sonne den Nebel verdrängt hat, erstrahlt die Landschaft im herbstlichen Licht.

Das Havelland

Eine landschafts-prägende Solitär-eiche vor der unter-gehenden Sonne. Nur im Februar versinkt die Sonne hinter der Eiche.

Die Bahnlinie Berlin-Hamburg bei Vietznitz. Hier wurde 1936 mit 200.4 km/h der Geschwindigkeitsrekord für schienengebundene Triebfahrzeuge mit einer Borsig-Stromlinienlokomotive aufgestellt.

Winterliche Eichenallee nach dem Sturm Daisy im Jahr 2010.

Rast und Aufbruch

Besonders aber waren es die Sumpfvögel, Kraniche und Störche, welche hochbeinig in diesem Paradiese der Frösche einherstolzierten, und mit ihnen bewohnte die Wasser ein unendliches Heer von Enten aller Art, nebst einer Unzahl anderer Wasservögel. Kiebitze, Rohrsänger, Birkhähne, alles war da... (Theodor Fontane)

So schilderte Fontane schon um etwa 1880 die Tierwelt des Havelländischen Luchs.

Tatsächlich hat dieser Naturraum seine besondere Eigenart. Er ist von Wasser und Grünland geprägt. Geografisch gesehen befindet sich das Luch genau auf der Zugroute der Kraniche und Gänse. Seiner Naturausstattung, dem Nahrungsangebot und der großräumigen, weitgehend ungestörten und nur dünn besiedelten Landschaft ist es zu verdanken, dass sich dieses Gebiet zu einem traditionellen Rast- und Durchzugsgebiet für zahlreiche Wasservogelarten entwickelt hat.

Große Flachwasserbereiche am Gülper See und immer wiederkehrende Überflutungen der Havelaue haben dieses Gebiet für Kampfläufer, Uferschnepfen, Brachvögel, Kiebitze und andere seltene Wiesen- und Wasservögel interessant gemacht.

Tausende Gänse, darunter Grau-, Bless- und Saatgänse rasten in der Luchlandschaft. Die wenigen Seen, wie Gülper See, Dreetzer See oder Witzker See dienen dabei als Schlafgewässer. Umliegende Feuchtwiesen oder Äcker mit Wintergetreide werden gern als Äsungsfläche genutzt, oft zum Leidwesen der Landwirte.

Ein besonderes Naturschauspiel kann man jährlich im Frühjahr und Herbst erleben, wenn die Kraniche auf dem Weg aus Ihren Überwinterungsgebieten in der spanischen Extremadura in ihre skandinavischen Brutgebiete ziehen und im Herbst zurückkommen. Im Havelland und in dem sich nördlich angrenzenden Rhinluch, einer landschaftlich vergleichbaren Gegend, hat sich der größte binnenländische Kranichrastplatz entwickelt. Im Herbst rasten in der Region des Rhin- und Havelluchs tausende Kraniche. In Spitzenzeiten wurden in einer Saison bis zu 120 000 Tiere gezählt. Der überwiegende Teil davon nutzt die flachen Gewässer im Rhinluch bei Linum, im Havelländischen Luch bei Nauen und den Gülper See als Schlafplatz.

Morgens mit der aufgehenden Sonne ist am Rande der Schlafplätze ein beeindruckendes Trompetenkonzert tausender Kraniche zu hören. Sie scheinen nicht nur sich, sondern auch die umliegende Natur zu wecken. Kaum erhebt sich die Sonne als glutroter Ball über dem Horizont, fliegen die beeindruckenden Vögel in zahlreichen Trupps auf die umgebenden Nahrungsflächen, um ihre Energiereserven aufzufrischen. Tagsüber lassen sich die Vögel des Glücks auf den abgeernteten Maisäckern oder auf dem Wintergetreide zu Hunderten beobachten. Zahlreiche Altvögel führen noch ihre Jungen, die an der braunen Farbe des Kopfgefieders leicht zu erkennen sind. Auch wenn es scheinbar Futter im Überfluss gibt, bleiben Streitereien zwischen den Vögeln nicht aus. Bei lautstarkem Trompeten, wildem Flügelschlagen und springend versuchen sie, ihren Anteil zu sichern. Oft zeigen die Vögel wenig Scheu. Sie haben sich offenbar an die zahlreichen Fahrzeuge am Straßenrand gewöhnt. Dennoch achten sie auf einen ausreichenden Sicherheitsabstand.

Nicht nur wegen ihrer Größe und Färbung, auch wegen ihrer grazilen Bewegungen und ihren beeindruckenden trompetenartigen Rufen, gehören sie zu den faszinierendsten Vögeln unserer Landschaft.

Zahlreiche Mythen ranken sich zudem um die Kraniche. In Japan gelten sie wegen ihres Verhaltens als Vögel des Glücks, als Symbol der Wachsamkeit und Klugheit oder stehen symbolisch für ein langes Leben. Auch in Fabeln, Gedichten oder der Literatur kommt dem Kranich eine Bedeutung zu.

Die Kraniche verbringen die gesamte Tageszeit auf den Nahrungsflächen. Mit der untergehenden Sonne fliegen sie in

Rast und Aufbruch

großen Keilen und oft unüberhörbar zu ihren Schlafplätzen. Sie sammeln sich bis zum Einbruch der Dunkelheit in unmittelbarer Nähe zum Schlafplatz, um dann im Dunkeln unter lautem Trompeten einzufliegen.

Zieht der erste Frost übers Land wird es Zeit, dass sich die Vögel auf den Weg in die Überwinterungsgebiete machen. An sonnigen Tagen nutzen sie die Thermik, um sich in große Höhen treiben zu lassen, formieren sich zu einem langen, v-förmigen Keil und fliegen Richtung Südwest. Entferntes Rufen erinnert an ein Abschiedslied.

Eindrucksvoll ist ebeso der Frühjahrszug in die Brutgebiete. Je nach Witterung erscheinen schon im Februar die ersten Kraniche im Havelland. Oft sind sie bei der Balz zu beobachten. Mit eindrucksvollen Tänzen versuchen sie dem Partner zu imponieren. Ein neues Kranichjahr beginnt.

Schon Ende Februar, wenn die Temperaturen ansteigen und der Frost vorbei ist, kehren die Kraniche aus ihren Überwinterungsgebieten zurück. Nicht selten werden sie von erneutem Schneefall überrascht.

*Mais-
stoppel-
felder
bieten den
Kranichen
auch im
Frühjahr
noch aus-
reichend
Nahrung.*

Rast und Aufbruch

Mehrere hundert Kraniche sind von den Nahrungsflächen gestartet und verdunkeln den Himmel. Ihre trompetenartigen Rufe sind immer wieder ein Naturschauspiel der besonderen Art.

Typische keilförmige Formation der ziehenden Kraniche. Oft wird der Flug durch laute Rufe begleitet. Dann sind die Kraniche kilometerweit zu hören.

Die letzten Kraniche sind nach Einbruch der Dämmerung auf dem Weg zum Schlafgewässer.

Am späten Nachmittag ziehen die Kraniche in großen Schwärmen von ihren Nahrungsflächen zu den Vorsammelplätzen, ehe sie bei Dunkelheit in die Schlafgewässer einfliegen.

Die Ansammlung unzähliger Kraniche ist immer wieder ein Naturschauspiel. Zahlreiche Touristen reisen extra zu diesem Spektakel in das Havelland.

Rast und Aufbruch

Die Flügelspannweite der Kraniche kann durchaus 2,20 bis 2,50 Meter betragen. Im Gegenlicht kommen die mächtigen Armschwingen besonders zur Geltung.

Die Kraniche – auch Vögel des Glücks genannt, beeindrucken durch grazile Tänze und Sprünge.

Rast und Aufbruch

Kraniche verlieren zunehmend Ihre Scheu gegenüber dem Menschen. Sie lassen sich von der landwirtschaftlichen Tätigkeit auf den Flächen kaum stören.

Kraniche bleiben oft ein Leben lang zusammen. Hier ein Pärchen mit Jungtier bei der Futtersuche.

Gleich nach Sonnenaufgang finden sich zahlreiche Kraniche zum Leidwesen der Landwirte auf den frisch bestellten Roggenflächen ein. Die Jungtiere sind noch nicht ausgefärbt.

Auf den umliegenden Wiesen sind die Graureiher auf Mäusejagd. Immer häufiger sind neben den Graureihern auch die Silberrreiher im Havelland anzutreffen.

Um Energie zu sparen fliegen Kraniche oft nur kurze Strecken, um sich gleich wieder nieder zu lassen.

Erwachen am Kranichschlafgewässer. Mit lautem Trompeten wecken sich die Kraniche gegenseitig, ehe sie zu den Nahrungsflächen in der Umgebung fliegen.

Kraniche im Landeanflug zum „Frühstück“ auf eine naheliegende Nahrungsfläche.

Rast und Aufbruch

Umittelbar nach Sonnenaufgang finden sich die Kraniche auf den ergiebigen Maisstoppelfeldern ein.

Ziehende Kraniche zwischen den Schlafgewässern bei Nauen und den im Havelländischen Luch befindlichen Nahrungsflächen.

Wenn sich die Sonne über den Horizont erhebt, beginnt in den Schlafgewässern bei Nauen das morgendliche Spektakel. Vom Beobachtungsturm in Utershorst bei Nauen kann man den Abflug, begleitet vom typischen Trompeten, beobachten.

Rast und Aufbruch

Viele Dörfer im Havelland haben „ihren" Storchenhorst. Die Horste werden oft viele Jahre genutzt und immer wieder erneuert, so dass sie ein beträchtliches Gewicht von einigen hundert Kilogramm errreichen können.

Der Gülper See, ein Flachgewässer im Westhavelland ist ein Eldorado für Wasservögel. Tausende Gänse und Kraniche nutzen das Gewässer als Schlafgewässer.

Graugänse verlassen die Nahrungsfläche. Oft trifft man Gänse, Kraniche und Schwäne gemeinsam auf den Stoppelfeldern an.

Zu der Havelschönheit tragen die Schwäne ein sehr Erhebliches bei. Sie geben dem Strom auf seiner breiten Fläche eine königliche Pracht, und eine schönere Einfassung aller dieser Schlösser und Residenzen ist kaum denkbar...

...Wie mächtige weiße Blumen blühen Sie über die blaue Fläche hin; ein Bild stolzer Freiheit...

(Theodor Fontane)

Wie der Literatur zu entnehmen ist, galten Schwäne früher als Tiere der Liebe. Sie leben in Einehe, „schnäbeln" oft, umschlingen sich und stehen einander bei.

Rast und Aufbruch

Äsende Singschwäne auf einem Stoppelacker. Sie gehören zu den ruffreudigsten Vögeln. Ihre nasalen, trompetenartigen Rufe sind weit zu hören und gaben den Tieren auch den Namen.

Im Westhavelland versammeln sich zur Zugzeit zahlreiche Sing- aber auch Höckerschwäne auf den Nahrungsflächen. Mit ihrem weißen Federkleid sind sie in der verschneiten Landschaft kaum auszumachen.

Rast und Aufbruch

Vom Wasser geprägt

Weit und breit bedeckte ein Rasen aus zusammengefilzter Wurzeldecke von bräunlichgrüner Farbe die wasserreiche Ebene, deren kurze Grashalme besonders den Riedgräsern angehörten. In jedem Frühjahr quoll der Boden durch das hervordringende Grundwasser auf, die Rasendecke hob sich in die Höhe, bildete eine schwimmende, elastische Fläche, welche bei jedem Schritt unter den Füßen einsank, während sich ringsum ein flach trichterförmig ansteigender Abhang bildete. Andere Stellen, die sich nicht in die Höhe heben konnten, sogenannte Lanken, wurden überschwemmt, und so glich das Luch in jedem Frühjahr einem weiten See, über welchen jene Rasenstellen wie grüne schwimmende Inseln hervorragten... (Theodor Fontane)

Die Niedermoore im Havelländischen Luch sind Kinder der Eiszeit. Sie verdanken ihre Entstehung nacheiszeitlichen Grundwasseranstiegen und sie leben vom Wasser. Nur dann, wenn der Boden wassergesättigt ist, kann sich eine torfbildende Vegetation ausprägen. Diese Torfböden, mit Sauergräsern, Schilf, Erlen- und Weidengebüschen bewachsen, galten früher als undurchdringlich, gefährlich. Moore hatten für die Menschen schon immer etwas Angst einflößendes.

Zahlreiche Sagen und Mythen ranken sich deshalb um diese Gebiete, die in ihrem Urzustand kaum nutzbar waren. Nur in trockenen Sommern oder im Winter, wenn der Boden gefroren war, konnte man dem Moor etwas Futterertrag oder Einstreu abgewinnen.

König Friedrich Wilhelm I. begann vor etwa 300 Jahren nach holländischem Vorbild mit der Trockenlegung des Luchs. Zahlreiche Arbeiter und Soldaten hoben in schwerer Arbeit kilometerlange Gräben aus, um das Luch zu entwässern und nutzbar zu machen. Das Holländische Viertel in Potsdam und der Flurname Lobeofsund im Havelländischen Luch, erinnern noch heute an die damalige Ansiedlung von Holländern.

Lobeofsund soll wohl so viel heißen wie: *Gott lob, wir sind auf Sand!* Ein Hinweis darauf, dass dieser Sandhorst für die Ansiedlung des Vorwerks Lobeofsund geeignet war. Im Wesentlichen blieb das Luch bis heute so erhalten. Natürlich wurden die Gräben vertieft und teilweise neue angelegt, um die nur schwer zu bewirtschaftenden Flächen zu meliorieren. Schnurgerade teilen Gräben die Wiesen. Sie leiten das Wasser über den Großen Havelländischen Hauptkanal zur Havel. Die Böschungen werden von schmalen Schilfrändern gesäumt. Rohrkolben, Wasserschwertlilien und Blutweiderich beleben das Bild. Der Biber hat sein Revier in diesem Grabenlabyrinth gefunden, bieten ihm doch zahlreiche Weichhölzer, wie Weiden und Pappeln, ausreichend Nahrung. Auch so mancher Angler kommt in größeren Gräben zu seinem Glück und macht dem Graureiher Konkurrenz.

Mit der Trockenlegung des Luchs wurde das Gebiet landwirtschaftlich nutzbar gemacht. War es früher zum Beispiel die königliche Akademie des Buttermachens in Königshorst, so wird das Luch bis heute als Weideland für Milchvieh, Mutterkuhhaltung oder als Mähwiese genutzt. Der entwässerte Torfboden brachte über viele Jahre gute Futtererträge. Einige Flächen wurden sogar als Ackerstandort genutzt. Spezielle Bodenkulturen, wie die Tiefpflugsanddeckkultur, sicherten hohe Ackererträge. Ein schleichender Prozess der Vererdung des entwässerten Torfes setzte ein und führte zum Torfschwund, zur Sackung und Verdichtung des porenreichen, organischen Bodens. Teilweise sind nur noch wenige Dezimeter vererdeter Torf vorhanden. Die Bewirtschaftung derartiger Flächen wurde durch die sich verschlechternden Bodeneigenschaften zunehmend erschwert.

Obwohl die Gräben in niederschlagsarmen Sommern fast trocken fallen, sind sie im Winter randvoll gefüllt. Die angrenzenden Wiesen und Weiden werden überflutet.

Ausgedehnte Wasserflächen erinnern an eine Zeit vor der Entwässerung des Luchs. Dies ist ein Eldorado für zahlreiche Wasservögel. Kraniche nutzen diese Wasserflächen als Schlafplatz. Das Westhavelland wird oft von Hochwässern heimgesucht. Eindringendes Elbehochwasser und der damit

verbundene Rückstau der Havel sorgten früher immer wieder für großflächige Überflutungen. Der Mensch half sich mit der Errichtung von Sperrwerken und verlegte die Mündung weiter flussabwärts. Deiche wurden zum Schutz der Siedlungen und Nutzflächen errichtet. Noch heute spielen die eingedeichten Polder im Westhavelland eine maßgebliche Rolle im Hochwasserschutz.

Bei großen Hochwässern in der Elbe werden die Polder geöffnet, um Elbunterlieger vor der Flut zu schützen. Dann verschwinden ganze Landstriche unter Wasser.

Hier und da ragen noch einzelne Gebüsche oder Kopfweiden aus dem Wasser.

Die Landschaft scheint sich im Wasser zu spiegeln. Der Lauf der Havel ist nur noch an den uferbegleitenden Weiden und Pappeln zu erkennen. Steht im Frühjahr das Wasser auf den Wiesen, kommt die Zeit der Hechte. Sie nutzen die überfluteten Flächen zum Laichen.

Wenn das Wasser nach Wochen langsam seinen Weg in das Flussbett findet, schafft es die Fischbrut zurück in den Lebensraum.

Durchstreift man heute das Havelländische Luch, findet man überwiegend Grünländereien. Dort, wo der Boden trockener und ackerfähig ist, wächst zunehmend Mais, um für die zahlreichen Biogasanlagen „Futter“ bereitzustellen. Hier und da sorgt Raps oder auch ein Roggenschlag für Abwechslung in der Landschaft. Vor allem auf den Platten und in den Ländchen, den höher gelegenen, fruchtbareren Böden, wird seit langem Ackerbau betrieben.

Sommerhochwasser in der unteren Havelniederung. Das Elbhochwasser verhindert den Abfluss der Havel.

Vom Wasser geprägt

Kopfweiden spiegeln sich in den gefluteten Havelpoldern.

*Die untere Havel-
niederung gehört
zu den größten zu-
sammenhängenden
Feuchtgebieten
im Binnenland
Mitteleuropas.
Es ist ein Eldorado
für Wasservögel.*

Vom Wasser geprägt

Der Soldatenkönig Friedrich I. ließ den Großen Havelländischen Hauptkanal anlegen, um die Landschaft landwirtschaftlich nutzbar zu machen.

Blühende Schwertlilien am Hohennauener See. Der Große Havelländische Hauptkanal mündet im See, der seinerseits über einen schmalen Kanal mit der Havel verbunden ist.

Die Sumpfschwertlilie ist typisch für die Havelufer, kommt aber auch sehr zahlreich in aufgelassenen Feuchtwiesen vor.

Die Sumpfdotterblume ist häufig an den Grabenrändern anzutreffen. Sie blüht bereits im zeitigen Frühjahr und kann, je nach Standort, die Grabenränder und auch Feuchtwiesen in ein gelbes Blütenmeer verwandeln.

Vom Wasser geprägt

Der Hohennauener See ist ein bekanntes Naherholungsgebiet. Campingfreunde und Wassersportler kommen hier auf ihre Kosten.

Die Gülper Havel, ein Seitenarm der Havel. Im Hintergrund befindet sich die ökologische Forschungsstation der Universität Potsdam im ehemaligen Gehöft „Hünemörderhof".

Vom Wasser geprägt

Zahlreiche Gräben durchziehen das Havelländische Luch und dienen der Entwässerung der Nutzflächen. Ein ausgeklügeltes System von Stauanlagen ermöglicht auch den Wasserrückhalt in der Fläche.

Die Radnetze auf den Wiesen kündigen den Altweibersommer und damit den nahenden Herbst an. Winzige Tautröpchen machen die filigranen Strukturen sichtbar.

Am Kleßener See lässt die aufgehende Sonne Nebelschwaden aufsteigen. Ein kleiner Campingplatz sowie eine Badestelle laden zur Erholung ein.

Vom Wasser geprägt

Kopfweidenbestände im Westhavelland. Die Verdickung des Stammes im oberen Bereich ist die Folge des regelmäßigen Schnittes. Die Äste wurden als Weidepfähle, die Zweige zum Flechten oder neuerdings auch zum Lebendverbau in Böschungen oder Grabenrändern genutzt.

Die Flussaue im Westhavelland ist durch zahlreiche Solitärgehölze geprägt. Alte, knorrige Eichen und Kopfweiden lockern das Landschaftsbild der Aue auf.

Die sich langsam senkende Sonne verleiht den Wiesen bei Parey noch einen warmen Farbton, während das Kleingewässer schon vom Schatten des heranbrechenden Abends bedeckt ist.

Die Gülper Havel fließt langsam durch die kaum höher liegende Flussaue. Hier wird klar, dass bei Hochwassern großflächige Überflutungen der Aue keine Seltenheit sind.

Nach den immer wiederkehrenden Überflutungen der Havelaue bleiben in den Senken Kleingewässer übrig, die zahlreichen Arten als Lebensraum dienen.

Vom Wasser geprägt

Nach dem Durchzug einer Regenfront reißen die Wolken auf und die Sonne taucht die Landschaft in ein besonders eindrucks-volles Licht.

Ein spektakulärer Sonnenaufgang lässt das Havelländische Luch im orange-roten Licht erscheinen.

Vom Wasser geprägt

Altweibersommer im Luch. Umherwabernde Nebel, die sowohl von den feuchten Wiesen, aber auch von den zahlreichen Gräben aufsteigen, versetzen die Landschaft in eine mystische Stimmung.

Die intensiven Farbverläufe am Himmel spiegeln sich in den Gräben. Ein magisches Licht verzaubert die Landschaft.

Das Havelländische Luch wird von Gräben und Wirtschaftswegen durchzogen, die oft von Pappeln gesäumt werden. Die Pappeln dienen vor allem als Holzvorrat und dem Erosionsschutz.

Die wärmenden Strahlen der Sonne benötigen schon eine ganze Weile, um diese dicke „Suppe" aufzulösen. Die naturräumlichen Besonderheiten sind für die zahlreichen Nebeltage im Jahr verantwortlich.

Die Havel wurde für die Schifffahrt, aber auch aus Gründen des Hochwasserschutzes, stark verändert. Ein groß angelegtes Projekt soll dem Fluss wieder mehr Naturnähe verleihen.

Die Havel, „der Neckar des Nordens“ (Theodor Fontane), schlängelt sich in zahlreichen Windungen durch das Westhavelland.

Vom Wasser geprägt

Weites Land

Tischeben präsentiert sich das Havelländische Luch. Grüne Wiesen reichen bis zum Horizont und berühren scheinbar den Himmel, der zum Sonnenuntergang einen farbigen Verlauf von gelb über orange-rot, violett nach blau zeigt.

Nur einige Gehölze, oft sind es Weidengebüsche, Pappelreihen oder einzelne, teils mächtige Eichen, durchbrechen die Ebene. Hier und da erinnern flache Sandkuppen an ehemalige Dünen. Lange schmale Gräben, von Menschenhand geschaffen, durchziehen wie Adern die Landschaft. Regelmäßig ziehen hier die Schwäne ihre Bahn, die Weichhölzer an den Grabenrändern tragen Spuren von Meister Bockert, dem Biber. Ehemals regelmäßig genutzte Futterwiesen wurden liegen gelassen oder werden nur einmal jährlich gepflegt.

Zahlreiche Binsen weisen auf wechselfeuchte Standorte hin. Von den Grabenrändern breitet sich Röhricht aus, das bei ausbleibender Nutzung tief in die Flächen eindringt. Sind es im Frühjahr die zahlreichen gelben Blüten des Löwenzahns oder des Hahnenfußes, an den Gräben Sumpfdotterblumen, die unser Auge erfreuen, so erlischt im Sommer die Blütenpracht. Hier und da weisen lila Farbtupfer auf den Blutweiderich hin, blassgelb, eher grünlich ragen die Blüten der Kohldisteln in den Himmel.

Dort, wo wir Ackerflächen vorfinden taucht der Klatschmohn die Felder in ein zauberhaftes Rot, durchmischt mit dem Blau der Kornblumen und dem Weiß der Kamille. Im Juli verleiht das reife Getreide den Äckern seine goldene Farbe.

Weithin sind die zahlreichen Windräder auf der Nauener Platte zu sehen. Energielandschaften prägen zunehmend unser Umfeld. Auch das Havelland bleibt davon nicht verschont. Von der Abendsonne vor dunklem Himmel angestrahlt, oder vom Nebel bis unterhalb der Rotoren eingehüllt, können auch diese „Landschaftselemente“ eine interessante Kulisse abgeben.

Nicht nur der Tag, vor allem auch die Nacht hat im Havelland ihren Reiz. Im Westhavelland wurde erst in jüngster Zeit der deutschlandweit erste Sternenpark in das Leben gerufen. Hier steht der Schutz des Sternenhimmels vor übermäßiger Beleuchtung im Vordergrund. Das gering besiedelte Westhavelland gehört hinsichtlich der Lichtemissionen zu den dunkelsten Gebieten in Deutschland. Nahezu nirgendwo sonst kann man den Sternenhimmel in all seiner Pracht wie im Westhavelland beobachten. Tausende funkelnde Sterne kreisen scheinbar am Himmel, lassen Sternbilder erkennen. Die Milchstraße leuchtet wie ein strahlendes Band. Hobbyastronomen treffen sich jedes Jahr, um mit ihren Teleskopen diese Pracht in Augenschein zu nehmen.

Es ist Ende September, Anfang Oktober. Schon früh am Morgen kündigt die Sonne einen neuen Tag an. Die Temperaturunterschiede zwischen Tag und Nacht werden größer. Immer öfter wabern Nebel nach sternklaren kühlen Nächten über das Havelländische Luch. Die Luft hat viel Feuchtigkeit aufgenommen, die bei sinkenden Temperaturen als Nebel kondensiert. Die Schwaden ziehen in den Morgenstunden über die Wiesen, die Gewässer scheinen zu rauchen. Aus den manches Mal nur wenige Dezimeter mächtigen Nebelbahnen schauen weidende Rinder oder Rehe heraus. Die wärmenden Strahlen der glutrot am Horizont aufgehenden Sonne verwandeln die Landschaft in einen brodelnden Kochtopf. Die Schwaden steigen langsam auf, um sich bald aufzulösen. Im Gegenlicht durchbricht die Sonne den Nebel. Bäume und Sträucher werfen ihre Schatten, die Strahlen bilden im kondensierten Wasserdampf regelrechte Lichtfächer. Es ist eine ganz besondere, eine mystische Stimmung.

Bis auf die Rufe der Vögel herrscht absolute Stille. Die immer kräftiger werdende Sonne setzt diesem Schauspiel sein natürliches Ende. Hat die Sonne Oberhand gewonnen, lohnt es sich die Landschaft mit dem Rad, per Pedes oder sogar mit dem Boot auf der Havel zu erschließen.

Die große Grabenniederung gehört zum Kerngebiet des für die Wasservogelwelt bedeutsamen Naturschutzgebietes „Untere Havel Nord“.

Diese majestätische Eiche ist ein Hinweis auf ehemalige wegbegleitende Alleen. Inzwischen wurden junge Bäume im Ländchen Friesack nachgepflanzt.

Weites Land

Die niederschlags-reichen Winter-monate verwandeln das Luch oft in eine Wasserlandschaft.

Man könnte meinen, dass diese tischebene Landschaft auf einen wirkungsvollen Wolkenhimmel angewiesen ist.

Weites Land

Pappeln gehören neben Weiden zu den häufigsten Flurgehölzen im Havelländischen Luch.

Das Luch wurde erst durch Entwässerungsmaßnahmen nutzbar gemacht. Überall durchziehen Gräben die Landschaft.

Weites Land

Eine scheinbar endlose Weite, durchsetzt mit Gehölzen im Havelländischen Luch.

Dramatische Wolken verleihen der ausgedehnten Luchlandschaft eine besondere Stimmung.

Einzelne Gehölzgruppen lockern die tischebene Wiesenlandschaft auf.

Der Gülper See ist ein Flachwassersee, der in einer eiszeitlichen Mulde entstand. Seine flachen, schlickreichen Ufer sind ein Eldorado für Wasservögel.

Die ausgedehnten Grünlandflächen werden oft extensiv als Weide genutzt.

Die reifenden Früchte des Kreuzdorns künden vom Ende des Sommers.

Vor dem Hintergrund einer am späten Nachmittag aufziehenden Schlechtwetterfront erstrahlt das Grün der Vegetation besonders kräftig.

Lange Schatten zeugen von der tief stehenden Sonne im Winter.

Sanfte, zum Teil bewaldete Hügel sind kennzeichnend für die Ländchen im Havelland.

Die sommerliche Luchlandschaft mit dramatischen Wolken wirkt besonders eindrucksvoll.

Weites Land

Die Landschaft des Havelländischen Luchs muss man lieben lernen. Tischebene Wiesen, Gehölze und Gräben erwecken nur auf den ersten Blick einen monotonen Eindruck.

Im Mai erstrahlen die Rapsäcker in einem strahlenden Gelb und verwandeln die Landschaft in ein Blütenmeer.

Die sandigen Ackerböden verwandeln sich während der Brache in blühende Landschaften.

Weites Land

Weg- und straßenbegleitende Alleen prägen nicht nur das Landschaftsbild im Havelland, sondern haben oft auch eine kulturhistorische Bedeutung.

Ausgedehnte Grünlandgebiete, hier im Westhavelland, wurden durch Wirtschaftswege aus Betonplatten erschlossen. Begleitende Kopfweiden bedürfen einer regelmäßigen Pflege.

Weites Land

Stimmungsvoller Morgen an einer Pferdekoppel bei Berge. Typisch ist der landschaftsprägende Wechsel von Ackerland, Weide und Gehölzen.

Spotlicht durchdringt die dicke Wolkendecke. Im Hintergrund steigt das Gelände zu den Brädikower Bergen an und geht vom Luch in das Ländchen über.

Beindruckendes Farbenspiel zum Sonnenuntergang.

Weites Land

Im Licht der aufgehenden Sonne spiegelt sich diese Pappel im Graben.

Nach frostigen Nächten steigt mit den ersten Sonnenstrahlen Nebel aus dem Großen Havelländischen Hauptkanal auf.

Weites Land

Ausgedehnte Nebelbänke in den Niederungen.

Die aufgehende Sonne ist der Vorbote eines schönen Tages im Havelländischen Luch.

Der Sonnenaufgang an einem nebligen Herbstmorgen ist immer wieder ein Naturschauspiel. Die Farbstimmung am Himmel wechselt im Minutentakt.

Abgeerntete Maisäcker werden kurz nach Sonnenaufgang gern als Nahrungsfläche von rastenden Kranichen genutzt.

Winterruhe

Die letzten Kraniche haben die Region verlassen. Ihre trompetenartigen Rufe sind in der Ferne verstummt. Die Gehölze haben ihr bunt gewordenes Laub längst abgeworfen. Ab und zu dringt der Ruf des Mäusebussards oder das Krächzen der Krähen an das Ohr.

Auch der Sternenhimmel hat sich verändert. In der kalten Jahreszeit steht Orion wieder im Süden, Kassiopeia hat ihren Platz am Himmelsgewölbe gefunden.

Nach den ersten klaren Nächten spürt man in der kalten Luft das Herannahen des Winters. Hier und da bedeckt Reif Dächer und Vegetation. Es vergehen nur wenige Tage, bis der Schnee die Landschaft mit einer weißen Decke überzogen hat. Schneekristalle funkeln im Gegenlicht oder zieren die Vegetation. Trockene Gräser, Stauden, Schilf und Binsenhorste durchragen den Schnee. Dort, wo das Gelände nur wenige Zentimeter ansteigt und etwas trockener ist, haben sich die Maulwürfe zurückgezogen. Ihre Hügel verleihen der weißen Pracht ein sanftes Relief.

Überall trifft man auf frische Spuren im Schnee. Offensichtlich herrscht noch reges Treiben. Die Fährten von Reh, Hase oder Wildschwein verraten uns ihren Weg. Sie alle sind auf den verschneiten Wiesen und Äckern unterwegs, um in der kalten Jahreszeit ihren Energiebedarf zu decken. Auf den Rapsäckern sitzen Höcker- und Singschwäne, kaum auszumachen auf den verschneiten Flächen und verzehren den bitterstofffreien Raps – eine schöne Erfindung der Landwirtschaft.

Auf den Gräben hat sich inzwischen eine dünne Eisdecke gebildet. Kleine Eiskristalle und eingefrorene Luftblasen verzieren die Eisschicht. Dort, wo die Gewässer noch offen sind, sammeln sich Wasservögel. Ob Schwäne, Stockenten oder Blessrallen, sie alle finden sich an den eisfreien Plätzen ein, um Nahrung vom Gewässergrund aufzunehmen oder um Sicherheit vor Feinden zu finden. Nur selten schwebt der Seeadler über das Havelländische Luch. Im Westhavelland, entlang der Unteren Havel, ist er ein steter Gast.

Weht ein kräftiger Wind über das flache Land und transportiert den lockeren Schnee bis zur nächsten Geländekante, dann sind es die Graben- oder Straßenränder, an denen er mächtige Schneewehen auftürmt .

Am Schönsten ist es, wenn sich in kalten Nächten bei leichtem Wind und hoher Luftfeuchtigkeit zentimeterlange Raureifnadeln bilden. Diese zieren dann jeden Baum, Strauch und Halm. Doch diese Pracht ist meist nicht von langer Dauer. Überhaupt ist ein schöner Winter mit Schnee mittlerweile schon fast eine Seltenheit im Luch.

Bei einer Höhe von nur 25 bis 30 Meter über dem Meeresspiegel und dem atlantisch beeinflussten Klima, kann man sich leicht vorstellen, dass Niederschläge oft als Regen oder Schneeregen fallen. Niedrige Temperaturen sorgen für Glatteis. Wenn dann noch über längere Zeit der Himmel bedeckt ist und kaum die Sonne durchlässt, freut man sich schon auf den herannahenden Frühling. Die trompetenden Rufe der zurückkehrenden Kraniche kündigen schon im Februar das Ende des Winters an.

Gegensätze ziehen sich an. Ein schöner Kontrast zwischen den havelländischen Sommermotiven und der Winterlandschaft an einem kalten Wintermorgen.

Selten sind die Winter so kalt, dass selbst der Große Havelländische Hauptkanal unter einer Eisdecke verhüllt ist.

„Schwanensee“.
Die Spuren auf dem Eis sind ein Hinweis dafür, dass auch im tiefen Winter noch verschiedene Tierarten unterwegs sind.

Winterruhe

Das flache, weite Land wirkt unter der Schneedecke wie eine ausgedehnte Eiswüste. Nur wenige Gehölze sorgen für Abwechslung.

Aufsteigende Nebel verleihen der Luchlandschaft einen Schleier, der sich in der wärmenden Sonne aber wieder schnell auflöst.

Die zahlreichen Pappeln und Weiden wirken im Winter wie verzaubert.

Winterruhe

Wegbegleitende Kopfweiden werden goldgelb von der Morgensonne angestrahlt.

Zahlreiche Spuren im Schnee zeugen vom Wildreichtum im Havelländischen Luch.

Winterruhe

Wie Silhouetten stehen die formenreichen, bizarr verzweigten Gehölze in der Havelaue.

An einem schönen Wintermorgen zwischen Paulinenaue und Brädikow.

Das rötliche Licht der aufgehenden Sonne kündigt einen schönen Tag an.

Rauhreif hat die Obstbaumallee zwischen Friesack und Vietznitz förmlich verzaubert.

Alte, bizarre Eichen säumen den Weg zum Naturschutzgebiet Lindholz.

Immer seltener erlebt man im Havelland verschneite Wege. Schneearme Winter sind typisch für die Region.

Winterruhe

Wenn im Spätwinter die Kraniche ziehen, ist dies ein sicheres Zeichen für den nahenden Frühling.

Frisch eingeschneite Binsen. Wie eine Daunendecke verhüllt der frische Schnee die Vegetation.

Die Rispe des Gemeinen Schilfes in Winterruhe.

Grau und düster erscheint die Landschaft im Luch an trüben Wintertagen. Man sehnt sich nach dem Frühling.

Rastende Singschwäne im Westhavelland. Sie ziehen bereits im Februar durch das Havelland.

Auch der Elbebiber kommt in milden Wintern nicht zur Ruhe. Hier mit einem frischen Weidenzweig, um Energiereserven aufzufüllen.

Ein Kranich hinterließ seinen Fußabdruck im Schnee.

Maulwurfshaufen verleihen der Winterlandschaft ein schönes Relief. Der Formenreichtum kann durchaus die Phantasie anregen.

Ein ganz normaler Meliorationsgraben zeigt sich von seiner schönsten Seite.

Stille am Kanal.
Die Sonne bahnt sich einen Weg durch den dichten Nebel.

Winterruhe

Die untergehende Sonne läßt die Kleinen Jahnberge im Abendlicht erstrahlen. Im Sommer prägen hier bunte, blütenreiche Steppenrasen die Vegetation.

Sonnenuntergang im Havelländischen Luch.

Winterruhe

Ein Fluss und fünf Gastgeber – *Reiseromantik und Gartenerlebnis auf der BUGA 2015 Havelregion*

Seit über 60 Jahren gibt es die „Deutsche Bundesgartenschau“. Die nationale Marke für Gartenschauen, die von vielen Gästen bereits in der vierten Generation besucht wird. Seit 1993 gibt es die Deutsche Bundesgartenschau-Gesellschaft mbH, die mit ihren Gesellschaftern, dem Zentralverband Gartenbau, den Bundesverband Garten-, Landschafts- und Sportplatzbau sowie den Bundesverband Deutscher Baumschulen BUGA und IGA lizensieren, organisieren und beratend begleiten.

Wir sind stolz auf dieses in Europa einmalige Gartenschauformat, mit dem die Lebens- und Standortqualität von Städten und Kommunen nachhaltig verbessert und eine wirtschaftliche und touristische Weiterentwicklung angestossen wird. Das Land Brandenburg hat früh erkannt, dass mit Gartenschauen viele Initiativen auch für die Regionalentwicklung entstehen. Städte wie Cottbus, Potsdam und 2015 nun die Havelregion sind Beispiele dafür, was mit integrierten Entwicklungsprozessen durch die Gartenschau erreicht werden kann.

Von *„Dom zu Dom – das blaue Band der Havel“* lautet ihr Motto 2015 und das bedeutet auch gleich das Erkunden einer Gartenschau inmitten einer alten Kulturlandschaft, die durch das Mäander der Havel bestimmt ist. Wagen wir das Experiment: Erstmalig findet hier eine BUGA dezentral – an fünf Standorten statt, bislang waren immer einzelne Städte Gastgeber der Bundesgartenschau.

Länderübergreifend in Brandenburg und Sachsen-Anhalt sind es die Städte *Brandenburg/Havel, Premnitz, Rathenow, Amt Rhinow/Stölln und die Hansestadt Havelberg*.

Neun Ausstellungsbereiche entlang 80 Flusskilometern über zwei Bundesländer sind zu sehen: Dafür wurden 55 Hektar Parkanlagen neu angelegt und restauriert, es laden 32 Blumenschauen in Kirchen ein, 55 Themengärten bieten Inspirationen für die private grüne Welt.

Blumenliebhaber finden Pflanzen zu fast jedem Buchstaben des Alphabets: Von Agapanthus bis Zinnie in der Hallenschauen-Floristik bis zu den Stars eigener Beete.
Mit Rosen, Päonien oder dem Rhododendron im Freiland werden Trends, Neuzüchtungen und spannende Pflanzungen präsentiert. Darüberhinaus stehen 1000 grüne Fach- und Unterhaltungsveranstaltungen auf dem Programm.
Sehr interessant ist zudem, wie Kommunen und Länder übergreifend für dieses Großereignis zusammen gearbeitet haben. Die Havelregion bot ein gutes Beispiel für effektive kommunale Vernetzung zur Vorbereitung und Durchführung der Gartenschau.
Was ist nun in den einzelnen Standorten entlang der Havel zu erwarten? Jeder hat seinen eigenen thematischen Schwerpunkt. Und jedem austragenden Ort sind Begriffe zugeordnet, sogenannte „Lebenswerte“: In ihrem Zusammenspiel spiegeln sie die kulturelle Identität der Flusslandschaft.
Den südlichen Ausgangspunkt der Gesamtkulisse Bundesgartenschau 2015 Havelregion bildet die *Domstadt Brandenburg an der Havel* mit ihrer über 1000-jährigen Geschichte. Brandenburg an der Havel als Wiege der Mark erhält den Begriff „Ursprung“: Er steht für Wachstum, Ressourcen, Wurzeln, Talente, Nachhaltigkeit, Gerechtigkeit, Verantwortung, Toleranz. Er spiegelt sich in den gärtnerischen Ausstellungsflächen rund um den Marienberg. Die Stadt selbst gliedert sich in ihrem hervorragend erhaltenen mittelalterlichen Stadtgrundriss in drei Teile: Altstadt, Neustadt und Dominsel. Havelarme sowie zahlreiche Inseln, Schleusen und Brücken prägen das Stadtbild und lassen so den Charakter der ehemaligen Hansestadt noch immer erkennen. Hier sind vor allem drei Erlebnisbereiche zu erkunden: Der 12,1 Hektar große Marienberg, die größte Parkanlage der Stadt, die mit Rosen in Hülle und Fülle sowie mit historischen Stauden aufwartet. In der ehemaligen Klosterkirche St. Johannis sind 16 Blumenschauen zu unterschiedlichen Themen konzipert worden.

BUGA 2015 Havelregion

Im Packhof, einem ehemaligen Werftgelände, können 33 Themengärten besichtigt werden.

Die Stadt *Premnitz* erhält das Schlüsselwort „Impuls“: Als Stadt der Energie gehören die Werte Antrieb, Entschlossenheit, Initiative, Kraft, Vitalität und Bewegung dazu.

Ein neuer Grünzug mit Pappeln, Robinien und Weiden, den „nachwachsenden Rohstoffen“, verbindet die Ortsmitte mit der Uferpromenade. Er wird durch 4500 Stauden und Gräser in 200 Arten und Sorten geprägt. Der Besucher wird am Ende der Uferpromenade auf einer zehn Meter hohen Aussichtsplattform mit einem weiten Blick in die romantische Havellandschaft belohnt.

Der Stadt *Rathenow* als Wiege der Optik hat man die Begriffe „Orientierung“ und damit Verstand, Balance und Entspannung zugeordnet – die blühenden Farbstrahlen im Optikpark legen Zeugnis dafür ab.

Rathenow gilt als Wiege der optischen Industrie Deutschlands. Auch heute noch steht die Optikbranche für das unternehmerische Profil dieser Stadt, die zugleich das Zentrum des Naturparks Westhavelland ist. Zwei Areale werden durch eine knapp 350 Meter lange neue Fußgängerbrücke verbunden, die sich in einem eleganten Bogen über den Fluss schwingt. Eine Dahlienarena, hunderte Sorten von Rhododendren im Weinbergpark und eine etwa 2500 Quadratmeter große Seerosenarena im Optikpark sind spektakuläre Hingucker entlang der Strecke. Mit den Parkanlagen verbinden sich wertvolle Restaurierungsarbeiten und Neupflanzungen, die der Stadt auch nach der BUGA erhalten bleiben.

Und dem *Amt Rhinow/Stölln*, in dem Otto Lilienthal, der Flugpionier experimentierte, sind die Begriffe Mut, Kreativität, Wünsche, Abenteuer und Horizonterweiterung zugedacht. Offene Landschaftszüge prägen das Ländchen Rhinow, das zwischen den Standorten Rathenow und der Hansestadt Havelberg liegt. Mit 110 Metern ist der Gollenberg die höchste Erhebung des Havellandes. Von hier aus startete Otto Lilienthal ab 1893 seine Flugversuche.

Noch heute kreisen hier Segelflieger. Die ganz besondere Kombination von ausgestellter Flugzeugtechnik im Lilienthal-Museum und offener Steppenlandschaft macht diesen Ort zu einem auffälligen und interessanten Standort für die BUGA 2015 Havelregion. Steppengleiter waren die ersten Fluggeräte des Flugpioniers und sind in stilisierter Form 80 Zentimeter über dem Boden als „fliegende", mit Präirie- und Steppenpflanzen besetzte Gärten zu sehen. Über 1800 Wildrosen in mehr als 100 Sorten überraschen Besucher mit ihrer Pracht. Die gärtnerischen Ausstellungen, die sich um das Flugzeug „Lady Agnes" LI 62 ranken, lassen sich auf einem Aussichtspunkt auch aus der Vogelperspektive erleben. Ein Naturerlebnispfad und interessante Kübelbepflanzungen mit Kakteen und Sukkulenten aus Wüsten- und Tropendestinationen der *Lady Agnes* lohnen zudem einen Besuch.

Wo Havel und Elbe in der *Hansestadt Havelberg* zusammenkommen, hat man die „Erkenntnis" vorangestellt: Inhaltlich kommen hier Begriffe wie Erfüllung, Glaube, Harmonie, Stil, Gefühl, Entfaltung, Liebe, Frieden, Solidarität, Wertschätzung und Respekt zum Tragen. Das Städtchen bietet mit dem ehemaligen Verladehafen an der Havel, dem historischen Stadtkern auf der Stadtinsel und dem auf der Anhöhe liegenden Dombezirk drei Kulissen für attraktive Ausstellungsthemen der BUGA.

Der historische Weg unter uralten Kastanien und entlang der frisch sanierten Dommauer heißt Prälatenweg. Er verbindet den kleinen Platz rund um den Burggrafenstein mit dem Dom zu Havelberg. Entlang der Dommauer befindet sich ein vielfältiges Staudenband, das zu einer kleinen Entdeckungsreise einlädt, weil Pflanzen gerade an diesem Standort in unterschiedlichen Lichtverhältnissen erkundet werden können: Schattenstauden ebenso wie Sonnenstauden. Kletterrosen und Clematis erklimmen die Mauer und werden zu bunten, duftenden Blickpunkten. Sitzbänke, gefertigt nach Vorlagen der alten „Havelberger Bank", laden zum Verweilen und Genießen ein.

BUGA 2015 Havelregion

Von hier aus zeigt sich die Havelniederung von ihrer schönsten Seite. Über eine Brücke gelangt zum großen temporären Ausstellungsbereich der Friedhofsgärtner.
Zu jeder Jahreszeit unterschiedlich blühende Blumenbänder verbinden die Standorte. Im Mittelpunkt dieser Gartenschau steht das persönliche Erleben von professionell gestaltetem Grün in gärtnerischer Spitzenqualität. Hier kann man Pflanzenkenntnisse vertiefen, Gestaltungsideen aufnehmen, sich einfach nur im Blütenrausch verlieren oder die Farbpracht genießen.
Es sind aber nicht nur die gärtnerischen Aspekte, die das Erkunden mit dem Rad, als Wanderer, Kanufahrer oder Hausbootliebhaber so attraktiv machen.
Es ist das Erlebnis Westhavelland, das es zu entdecken gilt. Schließlich stärken Gartenschauen das Naturverständnis und das Umweltbewußtsein – in der Zusammarbeit mit dem Naturschutzbund Deutschland zum Beispiel und dem Projekt zur Renaturierung der Havel. In diesem Fall kurbeln sie auch den SlowTourism an, der zukünftig sicher noch viel mehr Sport- und Kultururlauber in die Region locken wird. Ohne Hektik, und Zivilisationsgeräusche läßt sich hier eine authentische deutsche Kulturlandschaft erfahren.
Und was bleibt den engagierten Kommunen, dem Bürger vor Ort von diesem Großereignis?
Alle Investitionen sind nachhaltig und werden nach der BUGA der Öffentlichkeit zur Verfügung gestellt. Die Wiedererstellung des ausgeprägten Parkcharakters vom Weinbergpark in Rathenow, die Sanierung des Gartendenkmals am Marienberg, Pergolen, alte Mauern, ein neuer Bahnhof in Brandenburg, die behutsame Instandsetzung der Kirchen, neue Brückenbauten und die Erneuerung der Havelpromenade in Premnitz.
Es sind zudem komplett neue Radwege und Kanu-Wanderplätze entstanden und die Renovierung von Plätzen in den Innenstadtbereichen ist erfolgt – unter weitestgehender Herstellung der Barrierefreiheit.
Mit Bundesgartenschauen werden viele Projekte dazu

gesellschaftlich initiiert, organisatorisch strukturiert und gemeinsam finanziert – im Falle der BUGA 2015 Havelregion in intensiver Zusammenarbeit in fünf Kommunen über zwei Landesgrenzen hinweg.

Alle haben an einem Strang gezogen. Der Erfolg macht stolz und spornt an. Nicht zuletzt fordert er das Bürgerengagement heraus. Insofern werden die grüne Stadtentwicklung und die Aufwertung der Havelregion sicher auch in Zukunft Früchte tragen.

Jochen Sandner
Deutsche Bundesgartenschau-Gesellschaft mbH (DBG)

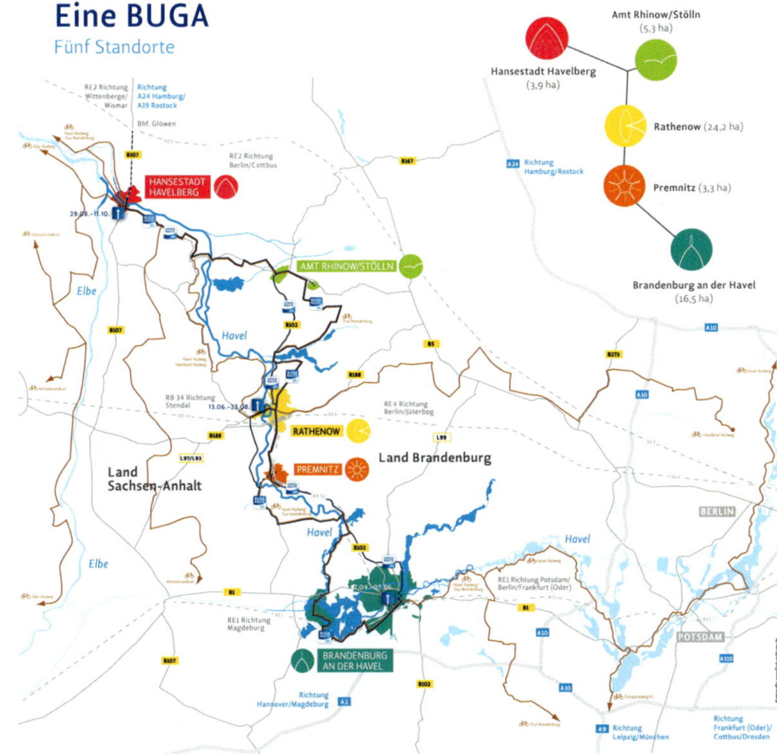

Quelle: BUGA 2015 Havelregion

BUGA 2015 Havelregion

Vom Domparkplatz gelangt man über eine Brücke zur Dominsel. Hier beginnt der BUGA-Rundweg.

Brandenburg/Havel

Inspiriert durch das Funkeln zahlreicher Spiegelflächen wird der Besucher im Garten „Brandenburg Chic“ zum Träumen eingeladen.

Mit ihren exklusiven, wechselnden Blumenschauen gehört die Kirche St. Johannis in Brandenburg an der Havel zu den beliebtesten Anlaufpunkten.

Eine Goldmedaille für die Rosen „Luxur“ in der Kirche St. Johannis.

Brandenburg/Havel

Blick über das Ausstellungsgelände am Packhof, das auf einer Fläche von knapp 4 Hektar 33 Themengärten umfasst.

Ein bepflanztes Spalier umrahmt scheinbar den 32 Meter hohen Aussichtsturm am Marienberg.

Brandenburg/Havel

In allen Farben leuchten die Anpflanzungen entlang der Wege auf dem Marienberg.

Ein Kunstwerk aus unzähligen Blumen zieht die Blicke auf sich.

Premnitz

Vom Eingang Steinbogenbrücke in Premnitz erreicht man die Tagesgärten, die sich unmittelbar am Wohngebiet befinden.

Von einer 10 Meter hohen Aussichtsplattform erlebt der Besucher das Blaue Band, die Havel. Der NABU weist mit informativen Tafeln auf das Renaturierungsprojekt an der Unteren Havel hin.

Offene Altarme
Viele der heutigen Altarme gehörten früher zum natürlichen Flussbett der Havel. Sie
wurden im Rahmen von Flussbettkorrekturen vom gegenwärtigen Haupt-
strom abgeschnitten. Mindestens 19 davon werden in den kommenden
Jahren durch den NABU wieder an den Fluss angeschlossen. Dort
kann sich die Havel natürlich entwickeln.
der alte Hauptarm an den
ermöglicht

Die Uferpromenade umfasst neben einzigartigen Skulpturen und dem Band der Spiele auch den Naturerlebnispfad Auenwald .

Der Naturerlebnispfad Auenwald führt unmittelbar entlang der Havel und vermittelt den Eindruck eines naturnahen Feuchtwaldes.

Premnitz

Blick auf den Bismarckturm, das Wahrzeichen der Stadt Rathenow.

Rathenow

Die Wechselflor-pflanzungen lenken den Blick auf die Farb-pyramiden und schaffen damit ein intensives Farberlebnis.

Vom Eingangsbereich am Optikpark schweift der Blick über den Leuchtturm zur St.-Marien-Andreas-Kirche.

Die Weinbergbrücke überspannt im weiten Bogen einen Havelarm und verbindet die beiden BUGA-Areale in Rathenow.

Rathenow

Kirche und BUGA am Weinberg. Die Kirchengemeinden aus dem Havelland wollen mit einem umfangreichen Programm auf die Vielfalt des kirchlichen Lebens hinweisen.

Wechselflorpflanzungen im Optikpark bilden mit den Farbpyramiden ein farbenfrohes Gesamtkunstwerk.

Rathenow

Auf der Dahlien-arena kann sich der Besucher ent-lang geschwungener Wege an einer üppigen Frühjahrs-bepflanzung erfreuen.

Die IL-62 „Lady Agnes", ein Geschenk der Interflug (Fluglinie der DDR), erinnert an die Absturzstelle von Otto Lilienthal.

Amt Rhinow/Stölln

Blühende Apfelbäume auf der Streuobstwiese am Fliegerpark.

Der BUGA Standort Amt Rhinow/Stölln widmet sich in besonderer Weise dem Thema „Fliegen". Hier das Lilienthal-Centrum Stölln, das mit einer Dauerausstellung an den Flugpionier Otto Lilienthal erinnert.

Otto-Lilienthal-Str.

Die Gangway.
Ein Holzpfad führt über den ehemaligen Landeplatz der „Lady Agnes“, vorbei an den „Steppengleitern“, die in unterschiedlichen Größen und mit ihrer farbenprächtigen Bepflanzung bezaubern.

Künstlerische Installationen, die überall entlang der BUGA-Route anzutreffen sind. Im Hintergrund das Thema Feldkulturen. Hier werden verschiedene Feldfrüchte präsentiert.

Die Fliegerbühne, auf der zahlreiche Veranstaltungen stattfinden, erinnert an ein Triebwerk.

Amt Rhinow/Stölln

Wir blicken vom Haus der Flüsse über einen neu angeschlossenen Seitenarm der Havel auf die Brücke, die zur zur Stadtinsel führt.

Hansestadt Havelberg

Auf dem Gelände um das Haus der Flüsse befinden sich verschiedene Installationen, wie z. B. ein Modell des Stauregimes an der Havel oder die Station „Geräusche".

Die Flethebrücke überspannt eine mit Tulpen bepflanzte Talsohle und führt zum Bereich „Grabgestaltung und Denkmal".

Vom Dombezirk hat man nicht nur eine schöne Panoramaaussicht auf die Hansestadt Havelberg, auch viele thematisch angelegte Gärten laden zum Verweilen ein.

Hansestadt Havelberg